U0396832

杨越 陈玲 薛澜◎著

迈向碳达峰、碳中和：
目标、路径与行动

上海人民出版社

碳中和技术路线

一个目标
实现碳中和

两个方向
减少碳排放、增加碳移除

三个体系
绿色能源体系建设、高效用能体系建设、负排放体系建设

四个板块
能源体系转型、重点领域减排、技术固碳、生态固碳

五个任务
新型电力系统、生产方式转型、生活方式转型、
碳捕集利用封存技术应用、自然生态系统增汇

总　序

　　作为产业发展与环境治理研究论丛的主编,我首先要说明编撰这套丛书的来龙去脉。这套丛书是清华大学产业发展与环境治理研究中心(Center for Industrial Development and Environmental Governance,CIDEG)的标志性出版物。这个中心成立于 2005 年 9 月,得到了日本丰田汽车公司的资金支持。

　　2005 年在清华大学公共管理学院设立这样一个公共政策研究中心主要是基于以下思考:由于全球化和技术进步,世界变得越来越复杂,很多问题,比如能源、环境、健康等,不光局限在相应的科学领域,还需要其他学科的研究者,比如经济学、政治学、法学以及工程技术等领域的学者,一起参与进来开展跨学科的研究。参加者不应仅仅来自学术圈和学校,也应有政府和企业家。我们需要不同学科学者相互对话的平台,需要研究者与政策制定部门专家对话的平台。而 CIDEG 正好可以发挥这种平台作用。CIDEG 的目标是致力于在中国转型过程中以"制度变革与协调发展""资源与能源约束下的可持续发展"和"产业组织、监管及政策"为重点开展研究活动,为的是提高中国公共政策与治理研究水平,促进学术界、产业界、非政府组织及政府部门之间的沟通、学习和协调。

中国的改革开放已经有 40 多年的历程，所取得的成就令世人瞩目，也为全世界的经济增长贡献了力量。但是，前些年中国经济发展也面临着诸多挑战：如资源约束和环境制约，腐败对经济发展造成的危害，改革滞后的金融服务体系，自主创新能力与科技全球化的矛盾，以及为构建一个和谐社会所必须面对的来自教育、环境、社会保障和医疗卫生等方面的冲突。这些挑战和冲突正是 CIDEG 开展的重点研究方向。近年来，不同国家出现的逆全球化思潮，中美关系恶化带来的一系列后果，以及 2020 年突如其来的新冠肺炎疫情都让人感受到了前瞻性政策研究的重要意义。

过去这些年，CIDEG 专门设立了重大研究项目，邀请相关领域的知名专家和学者担任项目负责人，并提供相对充裕的资金和条件，鼓励研究者对这些问题进行深入细致、独立客观的原创性研究。CIDEG 期望这些研究是本着自由和严谨的学术精神，对当前重大的政策问题和理论问题给出有价值和独特视角的回答。

CIDEG 理事会和学术委员会设立联席会议，对重大研究项目的选题和立项进行严格筛选，并认真评议研究成果的理论价值和实践意义。本丛书编委会亦由 CIDEG 理事和学术委员组成。我们会陆续选择适当的重大项目成果编入论丛。为此，我们感谢提供选题的 CIDEG 理事和学术委员，以及入选书籍的作者、评委和编辑们。

目前，产业发展与环境治理研究论丛已经出版的专著包括《中国车用能源战略研究》《城镇化过程中的环境政策实践：日本的经验教训》《中国土地制度改革：难点、突破与政策组合》《中国县级财政研究：1994—2006》《寻租与中国产业发展》《中国环境监管体制研究》《中国生产者服务业发展与制造业升级》《中国企业海外投资的风险管理和政策研究》《环境圆桌对话：探索和实践》《体育产业的经济学分析》等。这些专著国际化的视野、独特的视角、深入扎实的研究、跨学科的研究方法、规范的实证分析等等，得到了广大专业读者的好评，对传播产业发展、环境治理和制度变迁等方面的重要研究成果起到了很好的作用。我们相信随着产业发展与环境治理研究论丛中更多著作的出版，CIDEG 能够为广大专业读者提供更多、更好的启发，也能够为中国公共政策的科学化和民主化做出贡献。

产业发展与环境治理研究中心学术委员会联席主席

清华大学文科资深教授，苏世民书院院长

清华大学公共管理学院学术委员会主任

2021 年 1 月

著者序

尽管全球碳排放在新冠肺炎疫情影响下出现了短暂下降，但应对气候变化的紧迫性和重要性并未改变。越来越多的科学证据表明，自工业革命以来，全球地表平均温度已上升约1℃，若想实现控制温升的目标，必须立即、迅速和大规模地减少温室气体排放。与此同时，受逆全球化思潮影响，原有的气候合作进程与国际气候秩序被打乱，全球气候治理碎片化问题进一步凸显，但国际气候合作必要性的基本共识没有变。

中国始终积极承担全球气候治理责任，是全球生态文明建设的重要参与者、贡献者和引领者。2020年9月以来，国家主席习近平就中国"碳达峰、碳中和"目标及相关承诺在多个重要国际场合发声，不仅明确了全社会各经济部门脱碳转型的长期政策信号，更展现了中国作为发展中大国的魄力和担当。然而，正如习近平总书记强调的，实现"碳达峰、碳中和"目标是一场深刻的经济社会系统性变革，任重而道远，不仅需要坚定不移的治理决心和切实有效的解决方案，还需要努力突破现有技术与社会认知的边界，形成全社会的共识与行动。

当前，国内各地方和部门正积极推进以"碳达峰、碳中和"目标为引领的相关政策制定和策略行动。受限于"碳达峰、碳中和"目标的技术性、复杂性和前沿性，规划者和行动者亟需一份科学、清晰、易懂的知识地图。为此，本书在科学证据的基础上，用通俗易懂的语言回应社会关切，客观展示相关领域国内外研究进展。

我们呈现给读者朋友们的是一份完整的碳中和知识地图，名字很好记：12345。"1"指一个目标，即实现碳中和；"2"指两个方向，即减少碳排放、增加碳移除；"3"指三个体系，即绿色能源体系建设、高效用能体系建设、负排放体系建设；"4"指四个板块，即能源体系转型、重点领域减排、技术固碳、生态固碳；"5"指五个任务，即新型电力系统建设、生产方式转型、生活方式转型、碳捕集利用封存应用、自然生态系统增汇。简而言之，要顺利实现碳中和目标，必须坚持两个方向发力，加快建成三大体系，重点关注四个领域，尽早部署五大重点任务！

对于政府和企业读者，本书希望传递我国"碳达峰、碳中和"的政策目标和框架，为政府部门、企事业单位、金融机构提供权威、科学的知识基础，助力读者朋友们规划自身的碳中和发展路线；对于社会公众读者，本书旨在解读碳中和这一重要政策目标和国际承诺，了解碳中和对个人生活方式乃至发展目标可能带来的潜在影响，促进全社会的低碳共识，形成广泛参与的公众行动。

本书内容划分为三大篇，总计十四个章节。第一篇目标，阐述了"碳达峰、碳中和"目标提出的缘由，及其政策和行动的连续性，进一步表明应对气候变化的必要性和紧迫性。接着，介绍了国际有关达峰和中和的进展和实践，以及我国面对的机遇和挑战。第二篇路径，阐述"碳达峰、碳中和"方案设计和政策制定的底层逻辑，揭示碳中和目标对于能源体系、人类生产生活方式以及自然生态系统带来的影响，指明可能的技术创新方向及相关产业发展动态。第三篇行动，明确"碳达峰、碳中和"目标的实现需加强的行动，包括在科技创新、价格机制、风险防范、城乡规划，以及通过宣传、教育和引导促进全民行动体系的形成。

本书的面世得益于一系列机构和专家的远见卓识和辛苦努力。首先要感谢中国科学技术协会对于编制一本以"碳达峰、碳中和"为主题、面向公众的科普图书的建议。如果不是这个建议，我们恐怕不会下决心动笔写这本书。2021年初，我们收到中国科协学会服务中心任事平老师的热情邀请，参与编撰科技民生系列丛书,并细致讨论了书稿的读者定位和内容大纲。尽管事后因程序性原因本书未能在丛书立项,但发轫者的初衷都已达到了:从严谨的科学事实出发、以条理清晰、通俗易懂的方式来呈现,这些想法始终贯穿本书的撰写过程。我们谨以此书致谢中国科协及任事平老师的信任和支持!

感谢中国能源模型论坛,作者所在的清华大学产业发展与环境治理研究中心作为该论坛的主办单位之一,多次邀请业内专家就我国低碳发展长期战略与转型路径进行讨论,相关研究成果为本书撰写,尤其是能源、工业、建筑、交通等多领域的趋势研判,提供了强有力的科学证据。我们特别要感谢中国能源模型论坛的何建坤、周大地、李善同、韩文科、王毅、高世楫、江亿、张建宇、张希良、姜克隽、胡秀莲、周胜、秦虎、高霁、黄海莉、郑滨等专家的真知灼见!清华大学能源环境经济研究所周胜老师还对本书定位、框架设计等方面给予了不厌其烦的专业指导,是我们珍视的良师挚友,我们深表谢意!

感谢清华大学产业发展与环境治理研究中心"碳中和项目组"的研究助理们,他们分别是陈芸、胡志韧、李瑶、李韵、张驰、周土钰、安瑶,大家密切合作,查阅文献、多次讨论、小心求证、反复修改、仔细校对,为书稿撰写付出了辛勤努力。其中,陈芸撰写了前三章;胡志韧撰写了第四章和第九章,并参与第五章的内容修改;张驰撰写了第六章;李瑶撰写了第八章和第十一章;李韵撰写了第十章和第十二章;周土钰撰写了第七章和第十四章,并参与第十三章的内容修改;安瑶起草了第五章和第十三章的初稿,后因工作调动而退出。我们就每一章的内容反复沟通、修改直至最终定稿,全书前前后后修改不下十稿,最多的一章反复修改二十一稿。与你们一起工作的时光是充实而难忘的!此外,我们还要感谢清华大学产业发展与环境治理研究中心潘莎莉女士提供的行政支持,感谢祖玮设计师精妙的制图。最后,感谢上海人民出版社对于本书出版给予的大力支持,他们的高效工作使得本书得以及时面世。我们对以上机构和人员致以诚挚的感谢和敬意!

相较于专精特深的研究著作,本书是一份碳中和的全景式知识地图。为了回应基层政府、企事业单位、社会公众以及跨领域跨学科研究人员在我国"碳达峰、碳中和"目标、路径与行动方面的知识诉求,本书的撰写手法、专栏设置、手绘插图等都是一次全新的尝试。希望本书能够为对该话题感兴趣，预备投入或正在投入"碳达峰、碳中和"相关工作的读者提供完整、系统的逻辑框架，为今后的工作提供策略依据和智力支持。此书也是清华大学产业发展与环境治理研究中心践行"零碳智库"的尝试之一。如有不足之处——相信疏漏谬误在所难免——责任是我们的。我们也希望就相关话题与更多的朋友展开深入的交流，同时期待越来越多的智库机构加入碳中和的研究和行动。

杨越　陈玲　薛澜
2021 年 11 月于清华园

目 录

第三篇 碳达峰、碳中和的行动

第一篇

碳达峰、碳中和的目标

第一章

应对气候变化的历史进程与新形势

从百年尺度全球气候变化趋势的科学证据出发,地球逐渐变暖已成为不争的事实,了解人类为了应对气候变化作出过哪些努力,在新形势下全球气候治理面临哪些机遇和挑战,有助于读者理解应对气候变化的必要性和紧迫性。为此,本章首先以梳理气候变化相关事实证据出发,介绍了关于气候变化成因的不同假说,从自然生态和经济社会两个层面说明气候变化对人类产生的巨大影响;接着,从"减缓"和"适应"两个角度介绍当前国际社会应对气候变化的底层逻辑,通过盘点代表性气候谈判事件,梳理全球气候治理的历史进程;最后,分析后疫情时代的全球气候治理现状、机遇和挑战,强调新形势下各国提升减排决心和加强国际合作的重要性。

一、 全球气候变化的事实、成因和影响

(一) 全球气候变化的事实

从百年尺度全球气候变化趋势的科学证据出发,地球逐渐变暖已成为不争的事实,而这种变暖具有持续时间长、波及范围广、并逐渐加剧的趋势。2021 年 4 月,世界气象组织(WMO)发布的《2020 年全球气候状况》报告指出,2011—2020 年成为有记录以来最暖的十年,尽管出现了具有降温作用的拉尼娜事件,但 2020 年仍是有记录以来三个最暖的年份之一,全球平均温度比工业化前(1850—1900 年)的水平约高 1.2 ℃。[1]据统计,过去十年海洋变暖速度高于长期平均水平,

---

〔1〕 世界气象组织:《2020 年全球气候状况》,https://public.wmo.int/zh-hans/media/。

2020 年超过 80% 的海域至少经历了一次海洋热浪;自 20 世纪 80 年代中期以来,北极气温的升高速度至少是全球平均水平的两倍;2020 年非洲和亚洲大部分地区发生暴雨和大范围洪水,美国、古巴、澳大利亚、北欧、西伯利亚等地则出现了破历史纪录的高温或者火灾。[1] 2021 年 8 月 9 日,政府间气候变化专门委员会(IPCC)发布了第六次评估报告的第一工作组报告《气候变化 2021:自然科学基础》,该报告显示,自 1850—1900 年以来,全球地表平均温度已上升约 1 ℃,从未来 20 年的平均温度变化来看,全球温升预计将达到或超过 1.5 ℃。同时该报告对未来几十年内超过 1.5 ℃ 的全球升温水平的可能性进行了新的估计,指出除非立即、迅速和大规模地减少温室气体排放,否则将升温限制在接近 1.5 ℃ 甚至是 2 ℃ 将是无法实现的。[2] IPCC 的评估报告具有警示意义,此报告提示着全人类只有继续扩大减排力度,提高国家自主贡献,尽快实现碳中和,才有助于控制温升,从而减少气候变化带来的危害。

(二) 全球气候变化的成因

关于全球气变的成因,科学界有不同的声音。一种观点认为地球的气候变化具有自然周期。他们认为地球气候冷暖变化存在约 500 年的自然周期,而太阳活动的 500 年变化周期可能是驱动自然气候百年尺度上周期性变化的主要因素。[3] 同时,地球公转轨道存在着 40.5 万年的周期性循环,这种循环不会直接改变地球气候,但会强化或抑制短期轨道周期,也就是受"米兰科维奇循环"[4] 的影响,季节性气候差异将变得更强烈——夏天更热,冬天更冷。[5] 但不少研

---

〔1〕 中国气象报社:《2020 年全球气候状况报告发布　气候变化指标和影响恶化》,http://www.cma. gov.cn/2011xwzx/2011xqxxw/2011xqxyw/202104/t20210422_575674.html。

〔2〕 中国气象报社:《IPCC 第六次评估报告第一工作组报告发布》,http://www.cma.gov.cn/ 2011xwzx/2011xqxxw/2011xqxyw/202108/t20210810_582634.html。

〔3〕 中国科学院:《地质地球所揭示近百年气候变暖叠加在 500 年周期暖相位上》,http://www.cas. cn/ky/kyjz/201402/t20140212_4031931.shtml。

〔4〕 "米兰科维奇循环":包括地球的倾角变化、地球轨道的形状变化以及地球的摇摆度变化三个循环,根据米兰科维奇理论,这三种天文循环分别影响了太阳对地球的辐射程度。(参见中国科学院地理科学与资源研究所,http://www.igsnrr.cas.cn/kxcb/dlyzykpyd/qybl/200904/t20090420_ 2114067.html)

〔5〕 新华网:《首证! 地球轨道存在 40.5 万年周期变化》,http://www.xinhuanet.com/science/2018- 05/12/c_137171172.htm。

究也发现,不论是太阳辐射的变化,还是地球轨道的变化都不是引起近代全球变暖的主要原因,同时也基本排除了影响气候变化的另一个自然因素——火山爆发。[1]

另一种观点则支持,地球的气候变化源于人类不可持续的生产和生活方式,认为科学理解气候系统对人类活动造成的温室气体排放响应,有助于人类更好的应对气候变化。在经历了 150 多年的工业化发展、大规模砍伐森林以及规模化农业生产之后,大气中的温室气体含量增长到了 300 万年以来前所未有的水平,其中含量最多的温室气体是焚烧化石燃料产生的二氧化碳,约占温室气体总量的三分之二,[2]2020 年大气中二氧化碳浓度超过 410 ppm,是 1750 年的 148%,[3]而大气中温室气体浓度对于全球平均气温的直接影响也早已经得到了科学界的普遍论证,并形成了共识。

(三) 全球气候变化的影响

全球变暖对自然生态系统和经济社会系统都产生了重大影响。其中,对地球自然生态系统产生的影响包括海平面升高、冰川退缩、冻土融化、河(湖)封冻期缩短、中高纬生长季节延长、动植物分布范围向南、北极区和高海拔区延伸、某些动植物数量减少、一些植物开花期提前,等等。[4]同时伴随着干旱、沙尘暴、洪水、强降雨、热浪等极端天气频率和幅度的增加,由此而引发的自然生态影响波及范围广、程度大,甚至在短期内造成很多不可逆的损害,如干旱、森林火灾、土地退化等对土地造成的影响。

而对经济社会系统产生的直接或间接影响则主要体现在对人身健康、粮食安全、未来发展的威胁等。2020 年,东非和萨赫勒地区、南亚、中国和越南的数百万人都受到了严重洪灾的影响;与此同时,在地球的另一些地区却承受着严重干旱

---

〔1〕　中国天气网:《引起气候变化的原因》,http://www.weather.com.cn/climate/1333354.shtml。

〔2〕　中国数字科技馆:《为什么要强调"碳达峰"与"碳中和"? 一文读懂其中缘由》,https://www.cdstm.cn/gallery/zhuanti/ptzt/202104/t20210414_1045962.html。

〔3〕　赵宗慈、罗勇、黄建斌:《全球变暖在 5 个圈层的证据》,载《气候变化研究进展》2021 年第 7 期,第 1—3 页。

〔4〕　中国气象报社:《气候变化对人类社会的影响(上篇)》,http://www.cma.gov.cn/kppd/kppdqxsj/kppdqhbh/201212/t20121212_195665.html。

带来的影响，如阿根廷北部、巴拉圭和巴西西部边境地区，据估计，仅巴西的农业损失就接近 30 亿美元。另外，随着农业技术的进步，全球粮食危机逐步得到缓解，但自 2014 年以来，受地区冲突、经济放缓以及大范围极端天气的影响，粮食安全问题再次引发关注。根据世界粮农组织（FAO）和世界粮食计划署（WFP）的最新数据显示，2019 年有近 6.9 亿人（占世界人口的 9%）营养不良，约 7.5 亿人经历了严重的粮食不安全，被归为处于危机、紧急和饥荒状况的人数已上升到了跨 55 个国家的近 1.35 亿人。[1] 麦肯锡全球研究所（McKinsey Global Institute）2020 年 1 月发布的《气候风险与应对：自然灾害和社会经济影响》报告显示，到 2030 年，预计 105 个国家的人力、物力和自然资本都将至少受到一种主要灾害类型的影响；到 2050 年，在典型浓度路径（RCP 8.5）情景下，如果不考虑空调普及因素，可能有 7 亿—12 亿人口将生活在致命热浪出现概率非零的地区。[2]

二、 全球气候变化的应对思路和治理进程

（一） 全球气候变化的应对思路

《联合国气候变化框架公约》将减缓和适应作为人类应对气候变化的两大策略。根据 IPCC 的定义，减缓（Mitigation）是指减少排放或阻止温室气体排放的过程，以限制未来的气候变化。减缓可能从根本上改变人类社会生产、能源和土地利用方式等。例如，减缓意味着使用新技术和可再生能源，使旧设备更节能，或改变管理实践和消费者行为。[3] 减缓的风险则包括大规模部署低碳技术备选方案可能产生的副作用和经济成本。适应（Adaption）是指对实际或预期的气候及其影响进行调整，以减少或避免危害或利用有利机会的过程。[4] 适应气候变化涉及社

---

[1] 世界气象组织：《2020 年全球气候状况》，https://public.wmo.int/zh-hans/media/。

[2] 麦肯锡：《气候风险及应对：自然灾害和社会经济影响》，https://www.mckinsey.com.cn/mgi_climate_change_2020/。

[3] UN Environment programme：Mitigation，https://www.unep.org/explore-topics/climate-action/what-we-do/mitigation.

[4] IPCC：*Future Pathways for Adaptation*，*Mitigation and Sustainable Development*，https://ar5-syr.ipcc.ch/topic_pathways.php#node76.

会、经济、生态的方方面面,但只有针对气候变化的影响,对现有人类活动做出调整或新增的部分才算是适应行动。例如,常规的扶贫不能都称之为适应,只有针对由于气候变化带来的贫困加剧或新增贫困人口开展的行动才属于适应范畴。[1]综合而言,应对气候变化的战略措施需要考虑减缓和适应行动相关的风险及其效益,是一项长期的工作,只有两者相辅相成,方能保障应对气候变化的有效性。

(二) 全球气候变化的治理进程

1.“气候变化”由科学研究转向政治舞台

科学家对地球大气温度的关注,是气候变化问题研究的最初形态。1824 年法国著名数学家和物理学家约瑟夫·傅立叶(Joseph Fourier)首次提出地球大气层可能是一种隔热体,这一观点成为“温室效应”的首次发现;[2]1896 年科学家阿伦尼乌斯(Arrhenius)提出二氧化碳浓度增加会导致全球变暖,并进行了模拟计算,结果显示大气中二氧化碳浓度加倍会引起全球温升 5—6 ℃。但这些研究只停留在科学假说层面,[3]加之受到战争、科学技术水平的影响,气候变化议题并没有得到官方重视。直到 20 世纪 70 年代,一方面,随着计算机技术的发展,气候变化相关学科日臻成熟,并且得到了不同领域的交叉验证,研究模型及其理论假说都得到了更高程度地信任;另一方面,世界各地出现了严重的水旱以及寒热灾害等气候异常现象,造成了大量粮食减产甚至人员死亡,引发了人类对未来生存与发展问题的深深担忧。

此后,国际社会开始重视并一同探讨气候变化问题,科学家共同体成为了全球气候问题的首要发起者。1979 年,世界气象组织(WMO)召开“世界气候大会高级科技会议”(后改为“世界气候大会——气候与人类专家会议”),并通过了世界气候大会宣言,该宣言指出,粮食、水源、能源、住房和健康等各方面均与气候有

〔1〕　中国气象局:《适应与减缓并重 综合应对气候危机》,http://www.cma.gov.cn/2011xwzx/2011xqhbh/
　　　 2011xdtxx/201408/t20140825_258947.html。
〔2〕　周绍雪:《全球气候治理的新形势》,http://www.71.cn/2019/0820/1055232.shtml。
〔3〕　张晓华、祁悦:《应对气候变化国际合作进程的回顾与展望(上)》,http://www.ncsc.org.cn/yjcg/
　　　 fxgc/201508/t20150813_609657.shtml。

密切关系。[1]在此次会议中，科学家们明确提出大气中二氧化碳浓度增加将导致地球升温，突出了未来人类活动和经济发展中利用气候变化知识的重要性、科学性，气候变化开始受到国际社会关注并提上议事日程。1985年10月，WMO、联合国环境规划署(UNEP)以及国际科学委员会在奥地利菲拉赫召开了评估二氧化碳在气候变化中的作用及其相关影响的国际会议，会议通过的《菲拉赫声明》提出了一个应对气候变化的四条道路战略，倡议"在必要的时候应当考虑草拟一个国际公约"控制温室气体、气候变化和能源利用。这是国际社会首次提出制定一个国际条约防止气候变化的倡议，[2]同时，此次会议还呼吁应对全球气候变暖要采取政治行动。

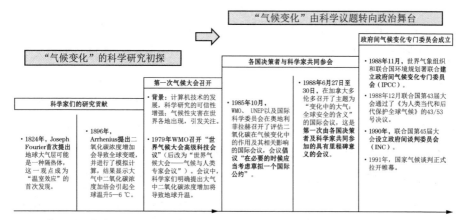

图1-1 "气候变化"由科学研究转向政治舞台

实际上，真正促使气候变化问题正式登上国际政治舞台是在1988年(如图1-1所示)。1988年6月27日至30日，在加拿大多伦多召开了主题为"变化中的大气：全球安全的含义"的国际会议，这是第一次由各国决策者及科学家共同参加的具有里程碑意义的会议。[3]由此，以"全球变暖"为核心讨论的气候变化议题上升至政治问题视角，列入联合国大会讨论议题，并直接促成了政府间气候变化专门

[1] 中国气象报社：《第一次世界气候大会与IPCC的诞生》，http://2011.cma.gov.cn/ztbd/qihoumeeting/beijing/200908/t20090827_43047.html。
[2] 杜志华、杜群：《气候变化的国际法发展：从温室效应理论到〈联合国气候变化框架公约〉》，载《现代法学》2002年第5期，第145—149页。
[3] 马建英：《从科学到政治：全球气候变化问题的政治化》，载《国际论坛》2012年第6期，第7—13页。

委员会(IPCC)的成立。IPCC 由 WMO 和 UNEP 联合建立,旨在提供有关气候变化的科学技术和社会经济认知状况,以及气候变化原因、潜在影响和应对策略的综合评估,并定期发布相关评估报告,为气候变化提供可靠证据,为各国应对气候变化提供可靠的决策参考。同时,IPCC 发布《第一次气候变化评估报告》之后,直接推动了国际气候谈判的进展——联合国第 45 届大会决定设立政府间谈判委员会(INC),为促使各国共同应对气候变化、展开国际合作、进行政治谈判奠定了基础。

2. 各国减排责任的确定及减排的承诺

INC 自设立后,于 1991 年 2 月至 1992 年 5 月间共举行了六次会议,对各国责任、承诺、政策、资金、技术等问题展开了一系列的艰难谈判,最终于 1992 年 5 月 9 日通过了《联合国气候变化框架公约》,并在同年 6 月的里约环境与发展大会共同签署,确定了应对温室气体排放负主要责任国家的优先次序。《联合国气候变化框架公约》将世界各国分为两组:对人为产生的温室气体排放负主要责任的工业化国家(通常称附录 I 国家)和未来将在人为排放中增加比重的发展中国家(通常称非附录 I 国家),所有缔约国都有义务编定国家温室气体排放源和汇的清单。[1]为监督和评审实施情况,缔约方还联合组成了缔约方大会(COP),即《联合国气候变化框架公约》的最高权力和决策机构。COP 会议自1995 年起每年召开一次,推动各国的温室减排行动不断进行协定。1997 年 COP3通过了《京都议定书》,为发达国家明确了减排目标和时间表,规定 2008—2012 年主要工业发达国家二氧化碳等六种温室气体的排放量要比 1990 年平均减少5.2%。[2]之后,在 2009 年,COP15 召开哥本哈根会议,讨论 2012—2020 年的全球减排协议,以延续即将到期的《京都议定书》,并经过多次磋商,形成了《哥本哈根协议》,建立了"哥本哈根绿色气候基金",以支持发展中国家的减缓和适应行动。[3]

───────────────

[1] 中国人大网:《〈联合国气候变化框架公约〉简介》,http://www.npc.gov.cn/zgrdw/huiyi/ztbg/jjydqhbh1110/2009-08/24/content_1514961.htm。

[2] 中国人大网:《〈京都议定书〉介绍》,http://www.npc.gov.cn/zgrdw/npc/zxft/zxft8/2009-08/24/content_1515035.htm。

[3] 新华社:《气象局长解读哥本哈根协议:凝聚共识　构筑新起点》,http://www.gov.cn/jrzg/2009-12/22/content_1494124.htm。

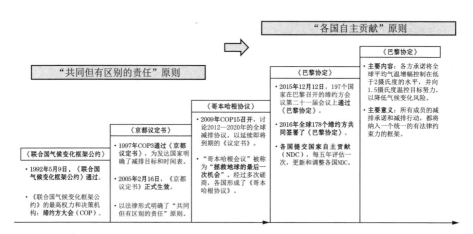

图 1-2　各国减排责任的确定原则

　　如图 1-2 所示，全球气候治理进程中，有关减排责任的分担原则经历了两大阶段。从《联合国气候变化框架公约》到《京都议定书》，再到《哥本哈根协议》，强调"共同但有区别的责任"原则是世界各国经过长期气候谈判针对减排责任界定所达成的共识，要求发达国家率先减排，并给发展中国家提供资金和技术支持，而发展中国家在得到发达国家技术和资金支持下，采取措施减缓或适应气候变化，是一种"自上而下"式的全球气候治理路径。然而，由于其中各国减排路径中的相关指标和模型计算标准各不相同，存在争议，所以就算将缔约国都囊括其中，也无法找到一个适合所有国家遵守的治理机制，由此，一种"自下而上"的、"自愿式"的气候治理路径开始被人们关注，这就是《巴黎协定》中强调的"自主贡献"原则。

　　2015 年 12 月 12 日，197 个国家在巴黎召开的 COP21 上通过《巴黎协定》，2016 年全球 178 个缔约方共同签署了《巴黎协定》，各方承诺将全球平均气温增幅控制在低于 2℃的水平，并向 1.5℃温控目标努力，以降低气候变化风险。同时，作为对此目标的贡献，各国需要提交国家自主贡献（NDC），并每五年评估一次，更新和调整各国 NDC。《巴黎协定》实施细则的基本达成预示着全球气候治理经历了 30 多年的发展演变后开始进入一个"全新"的治理阶段。这种"全新"不单单是从此构建并形成了一套新的治理机制，也不单单是从此形成并贯彻了一系列新的治理理念，而是自 1988 年 IPCC 成立以来，全球气候治理真正迎来了一个完全不同的"行动转向"：全球气候治理的法律和制度建设基本完成，全球气候治理由此转向了全面执行法律制度的行动时期。〔1〕根据《巴黎协定》,所有成员承诺的减排行动,无论是相对量化减排还是绝对量化减排,都将纳入一个统一的有法律约束力的框架,这在全球气候治理中尚属首次,〔2〕奠定了世界各国广泛参与减排的基本格局。

专栏 1-1

就差 0.5 ℃影响那么大吗?

2018 年,IPCC 发布了《全球升温 1.5 ℃特别报告》,该报告显示全球升温 1.5 ℃和升温 2 ℃相比所带来的潜在影响和相关风险差异:

1. 在海平面方面,升温 1.5 ℃比升温 2 ℃时全球平均海平面升幅约低 0.1 米。

2. 在陆地,升温 1.5 ℃比升温 2 ℃时对生物多样性和生态系统的影响更低,如升温 1.5 ℃预计会损失 6%的昆虫、8%的植物、4%的脊椎动物,而升温 2 ℃预计会损失 18%的昆虫、16%的植物、8%的脊椎动物。

3. 在海洋,升温 1.5 ℃比升温 2 ℃时预计可减小海洋温度的升幅、海洋酸度的上升和海洋含氧量的下降。

4. 健康、生计、粮食安全、水供应、人类安全和经济增长的气候相关风险,对比全球升温 1.5 ℃,升温 2 ℃时会风险更大。

总体而言,在没有或有限过冲 1.5 ℃的模式路径中,到 2030 年全球净人为二氧化碳排放量从 2010 年的水平上减少约 45%,在 2050 年左右达到净零。在全球升温限制在低于 2 ℃的情况下,在大多数路径中二氧化碳排放量预估到 2030 年减少约 25%,并在 2070 年左右达到净零。另外,根据一些学者的预测,如若在 21 世纪末实现 1.5 ℃而不是 2 ℃升温目标时,将会节省整个世界 20 万亿美元的支出。〔3〕

---

〔1〕 李慧明:《全球气候治理的"行动转向"与中国的战略选择》,载《国际观察》2020 年第 3 期,第 57—85 页。

〔2〕 张海滨:《〈巴黎协定〉开启 2020 年后全球气候治理新阶段》,http://www.xinhuanet.com/world/2015-12/14/c_128528644.htm。

〔3〕 Burke M., Davis W.M. & Diffenbaugh N.S. Large potential reduction in economic damages under UN mitigation targets. *Nature*, 2018: 557, 549—553.

三、 新形势下气候应对的契机与挑战

2020 年世界多地发生森林大火、蝗灾、干旱、洪水等自然灾害，给各地带来了严重的经济社会损失，人类不得不开始重新审视人与自然的关系。不仅如此，自 2020 年初开始，突如其来的新冠肺炎疫情（COVID-19）在全球蔓延肆虐，各国经济遭受重创，国际关系波诡云谲，世界不确定性增强。在此背景下，全球生态主义思潮开始聚焦疫情对全球生态环境和治理进程的影响，重点反思人与自然的关系，重新认识自然生态的价值。面向未来，人类社会如何把握绿色低碳复苏的发展机遇、加强国际合作、应对各种全球性危机，成为国际社会最关注的几大问题。[1]新形势下，全球气候治理紧迫性和国际合作必要性的基本共识没有变，面对应对气候变化的"危"与"机"，更需国际社会的减排决心与合作。

（一） 全球气候治理进程受阻

2020 年新冠肺炎疫情席卷全球，多国医疗卫生系统瘫痪、经济社会停摆、生产贸易萎缩、跨境流动受阻，世界正面临前所未有的全球性挑战。自疫情暴发后，许多国家和地区开始采取封锁边境、减少国际航班的防控措施，人流、物流的中断使得国际贸易体系严重受损，原本完整的产业链和供应链变得碎片化，一些依赖跨国供应链的企业生产面临阶段性的供应中断，逆全球化思潮泛起，[2]主要经济体纷纷反思和重审现行全球化模式下产业链对外依赖的风险。同时，受疫情影响，原有的气候合作进程与国际气候秩序被打乱，个别国家在气候立场上的重大倒退，部分国家在推进全球气候变化进程中的行动迟缓，都不断动摇着国际气候合作的信心。另外，气候公约的"退群"使得原有气候博弈阵营破裂和分化，温室气体排放赤字进一步扩大，国家的减排空间被进一步压缩，不仅增加了气候谈判难度，也使得原本就基于自身利益考量的气候行动更加分散，全球气候治理碎片化问题进一步凸显。尽管目前各国逐步解除应急战时状态，开始进入疫情防控常态

---

〔1〕 人民论坛网：《2020 年全球生态主义新动向及其趋势》，http://www.rmlt.com.cn/2021/0110/604588.shtml。

〔2〕 人民网：《全球战"疫" "逆全球化"为何暗流涌动》，http://www.people.com.cn/n1/2020/0427/c32306-31690186.html。

化阶段,但基于对经济提振和社会稳定的政治考量,气候治理态度、资金投入优先级、减排行动落实情况以及国际合作策略等方面都充满了不确定性,气候治理长期性与各国短期政治诉求之间的冲突激化,全球将持续面临疫情对经济社会韧性的冲击、对全球化思维的挑战,以及对各领域国际合作进程的影响。

(二)绿色复苏迎来最佳机遇

虽然抗击新冠肺炎疫情是当下的紧迫任务,但从长远来看,如何在保护自然与经济发展中寻求平衡,实现人与自然的和谐共处仍然是人类面临的最大威胁。应对气候变化并不是也不应该是各国的最终目的,终极目标是实现生态、经济、社会的可持续发展。由此,国际社会开始探索后疫情时代既能恢复经济增长又能减少温室气体的绿色发展模式,并纷纷提出了一揽子"绿色复苏"计划。2020年6月国际能源署制定的绿色复苏计划提议,为缓解经济萎靡现状,全球各国在2021—2023年期间,每年投入约1万亿美元于电力、交通、工业、建筑、燃料以及新兴低碳技术六个关键领域,这样能使全球经济增长幅度每年上升约1.1%,创造900万个工作岗位,使全球经济从新冠疫情中缓慢恢复,同时能将全球与能源相关的温室气体排放量在当前基础上减少45亿吨二氧化碳当量,实现绿色复苏。[1]

绿色复苏正在为各国形成新的竞争优势带来契机,绿色新兴产业布局、绿色低碳关键技术的创新、清洁能源的广泛应用等都将释放推动经济增长和社会进步的潜力,并在此过程中所推动的技术进步和创新突破都会对全球经济发展与产业格局产生深远影响。从产业竞争的角度来看,对绿色产品与绿色供应链的争夺会愈加激烈。而全球碳市场的建设与欧盟碳边境调节税的推出代表以碳规制为手段的全球环境规制正在全球布局,这势必也会引起全球产业链体系的变革与重布。[2]对于中国而言,我们亟须突破对传统化石能源的路径依赖,在关键性技术上实现创新,同时通过培育战略性新兴产业、发展现代能源经济,建设新型能源基础设施,参与全球新一轮技术创新与产业链重构,未来方能在绿色复苏中抓住最佳发展机遇,以实现"生态—经济—社会"的协同效益。

---

〔1〕 李北陵:《后疫情时期"绿色复苏"已成全球发展趋势》,http://news.chemnet.com/detail-3600272.html。

〔2〕 周亚敏:《以碳达峰与碳中和目标促我国产业链转型升级》,载《中国发展观察》2021年第Z1期,第56—58页。

专栏 1-2

低碳经济刺激方案：欧洲案例

2020 年 5 月，麦肯锡发布了报告《一项疫情后的刺激措施如何既能创造就业，又能帮助应对气候变化》，该报告对某欧洲国家四个部门的刺激方案进行了分析，其中具体包括工业、建筑、能源、交通部门的 12 项可行的刺激措施，这些措施在近期、中期和长期具有强大的社会经济效益（包括多地区创造就业机会）和低碳效益。据分析，这些措施将带来巨大的经济和环境回报：一方面，这项刺激方案动员 750 亿至 1 500 亿欧元的资金能够产生 1 800 亿至 3 500 亿欧元的总附加值，计划中每花费 1 欧元将产生约 2 至 3 欧元的增值；同时带来的就业机会也是巨大的，如果按动员资金的最低支出计算，将创造 110 万至 150 万个新工作岗位，如果按动员资金的最高支出计算，则会创造 230 万至 300 万个新工作岗位。另一方面，据估计，这些措施可以帮助到 2030 年减少 15%—30%的碳排放量，为全球减排和控制温升发挥重要作用。[1]

（三）国际社会的减排决心与合作

尽管 2020 年新冠肺炎疫情导致世界各地的能源、工业、交通运输业等领域的排放量都出现了大幅度的下降，但对气候变化的总体影响甚微。根据 2020 年 12 月联合国环境规划署发布的《2020 年排放差距报告》显示，新冠肺炎疫情暴发后，全球碳排放量下降了 7%，但即使这样，长期来看这一降幅仅意味着到 2050 年全球变暖减少 0.01 ℃，21 世纪末全球升温仍然可能突破 3 ℃，目前已提交的国家自主贡献仍然不足，仍需世界各国做出更大努力。同时，根据 2021 年 8 月 IPCC 发布的《2021 年气候变化：自然科学基础》显示，在 IPCC 研究的所有情境中，超过 50%的情景显示全球温升可能在 2021 年至 2040 年之间达到或超过 1.5 ℃（预计会在 21 世纪 30 年代初），这比其之前在《全球升温 1.5 ℃特别报告》中估计的时间

---

[1] McKinsey: *How a post-pandemic stimulus can both create jobs and help the climate*, https://www.mckinsey.com/business-functions/sustainability/our-insights/how-a-post-pandemic-stimulus-can-both-create-jobs-and-help-the-climate.

提早了十年。在高排放情境下,全球温升达到 1.5 ℃临界点的时间甚至会更早(2018—2037 年间)。[1]

　　以上种种证据都表明,即使新冠肺炎疫情为全球带来了短期内的碳排放下降,但并不能改变应对气候变化的紧迫性。新形势给全球气候治理带来的影响不是颠覆性的,而更像是一种催化剂,加速暴露了国际气候治理领域已有的矛盾。其破解的关键在于:一方面,能否找到恰当的突破口,通过话题引领和行动表率,深化命运共同体理念,打破逆全球化思潮下各国气候应对"分散行动"的僵局,规避集体行动的困境,寻求《联合国气候变化框架公约》下更广泛、更紧密的国际气候合作;另一方面,能否形成系统性的解决方案,兼顾气候治理长期目标与短期经济复苏需求,深化气候应对与其他领域的协同增效,实现多重效益联动。与疫情的突发性特征不同,全球气候变化所引发的危机是长久的和持续的,应对气候变化仍然是个极具重要性的议题,不容轻视,国际社会应秉持人类命运共同体的理念,在气候治理中展现更强的雄心与决心,努力加强应对气候变化、生物多样性、全球海洋治理等领域的国际合作,以促进全人类共同利益的方式推进气候变化应对。

---

[1] WRI:《"赛点"已至:WRI 深析报告五大发现》,https://mp.weixin.qq.com/s/0EKygRkkzKh8fJfDGQ6bpA。

第二章

碳达峰、碳中和的国际实践

尽管不同国家的资源禀赋、历史排放和发展阶段有所不同,但同样需要面临气候变化带来的影响和风险,其参与全球气候治理的必要性和紧迫性是一致的。然而,不同经济社会发展基础和科学技术水平的确导致了各国的减排压力不尽相同,尤其是在已经实现经济发展与化石能源消耗脱钩的发达国家,和相比之下仍然需要实现大范围脱贫或经济社会充分发展的发展中国家之间。因此,本章通过梳理那些已经承诺碳达峰、碳中和目标的国家的时间表和行动现状,帮助读者了解碳达峰、碳中和的国际进展和相关实践,也有助于读者理解发展中大国在承诺碳达峰、碳中和时需要拥有多大的雄心决心,以及需要面对多大的难度挑战。

一、 碳达峰、碳中和的概念与内涵

碳达峰(peak carbon dioxide emissions)是指在某一时间点,二氧化碳排放量达到历史最高值,随后不再增长并开始逐步下降,是二氧化碳排放量由增转降的历史拐点,标志着碳排放与经济发展实现脱钩;碳中和(carbon neutrality)是指人为二氧化碳移除在全球范围抵消人为二氧化碳排放,也可称作二氧化碳的净零排放。当一个国家、组织、企业、团体或个人想实现碳中和或二氧化碳的净零排放,就必须将规定时期内测算出的二氧化碳排放总量全部抵消,使得总二氧化碳排放量与总去除量达到平衡。[1]

---

〔1〕 政府间气候变化专门委员会(IPCC):《全球升温 1.5℃》。

专栏 2-1

碳达峰、碳中和的相关概念辨析

净零(Net zero):规定时期内人为移除抵消人为排放时,可实现净零排放。

近零(Near zero):规定时期内排放水平接近于 0。

净零碳排放(Net-zero Carbon Emissions):在规定时期内人为二氧化碳(CO_2)移除抵消相应范围内的人为 CO_2 排放,同碳中和。

近零碳排放(Near zero Carbon Emissions):二氧化碳排放水平接近于"0"。

气候中和(Climate Neutrality):是指人类活动对气候系统没有净影响的状态。要实现这种状态需要平衡残余排放与排放移除以及考虑人类活动的区域或局地生物地球物理效应,例如人类活动可影响地表反照率或局地气候。[1]

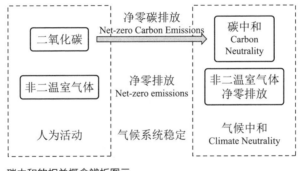

图 2-1 碳达峰、碳中和的相关概念辨析图示

随着国际社会对气候变化正在引发的全球系统性危机的认识逐步提高,越来越多的国家将去碳化转型作为长期发展战略和愿景。据联合国气候变化专门委员会(IPCC)预测,实现 2℃温控目标需要将 2018 年以后的温室气体累积排放量限制在大约 420 亿吨二氧化碳当量,而现有通过减少能耗、提高能效、能源替代等

---

[1] 国际能源网:《什么是碳达峰、碳中和?》,第 5—8 段,https://www.in-en.com/finance/html/energy-2245784.shtml。

技术和政策情景下的减排路径和减排贡献日渐乏力，仍存在较大排放缩减缺口。因此，IPCC 呼吁全球各国土地、能源、工业、建筑、运输和城市建设等各个层面都需要开展快速且深远的气候行动。[1]同时，联合国秘书长安东尼奥·古特雷斯（António Guterres）在 2020 年 12 月 12 日举行的全球气候雄心峰会上也呼吁全世界的领导人宣布他们的国家进入气候紧急状态，直到达到碳中和为止。[2]根据联合国环境规划署发布的《2020 年排放差距报告》可知，占全球温室气体排放量 51% 的 126 个国家已经正式通过、宣布或正在考虑净零目标，实现碳达峰、碳中和已成为全球发展趋势。

二、 各国碳达峰的承诺与现状

碳达峰是实现碳中和的基础和前提，达峰时间的早晚和峰值的高低直接影响碳中和实现的时长和难度。世界资源研究所（WRI）认为，碳排放达峰并不单指碳排放量在某个时间点达到峰值，而是一个过程，即碳排放首先进入平台期并可能在一定范围内波动，然后进入平稳下降阶段。[3]由于经济发展、人口规模等因素的不同，有些国家已经实现了碳达峰，有些国家正在努力实现碳达峰，并作出了相应承诺。

如图 2-2 所示，在 1990 年之前，有 19 个国家的排放量达到峰值，占全球排放量的 21%，其中 16 个是原苏联加盟共和国或转型经济体，苏联解体后的经济崩溃导致几个原加盟共和国的排放量急剧下降。德国、挪威和整个欧盟的排放量也在 1990 年达到峰值；到 2000 年，33 个国家的排放量达到峰值，占全球排放量的 18%；到 2010 年达到峰值的国家数量增至 49 个，占全球排放量的 36%；到 2020 年，占全球排放量 40% 的 53 个国家已达到峰值或承诺达到峰值。其中承诺的国

[1] 联合国环境规划署：《联合国政府间气候变化专门委员会呼吁开展快速且深远的气候行动，确保将全球升温控制在 1.5 ℃以内》，https://www.unep.org/zh-hans/xinwenyuziyuan/xinwengao-8。

[2] The United Nations Secretary-General, Secretary-General's remarks at the Climate Ambition Summit, https://www.un.org/sg/en/content/sg/statement/2020-12-12/secretary-generals-remarks-the-climate-ambition-summit-bilingual-delivered-scroll-down-for-all-english-version.

[3] 江苏生态环境：《碳达峰——世界各国在行动》，https://www.thepaper.cn/newsDetail_forward_10857848。

家有日本、韩国、马耳他和新西兰,预计到 2020 年,几乎所有发达国家都将达峰;到 2030 年,中国、马绍尔群岛、墨西哥和新加坡承诺达到排放峰值(中国承诺的是二氧化碳排放)。已经达到峰值或承诺在 2030 年达到峰值的国家数量达到 57 个,占全球排放量的 60%。[1]

资料来源:WRI。

图 2-2　各国/地区 GHG 排放达峰现状与承诺

综合来看,发达国家的碳达峰都是在发展过程中因产业结构变化、能源结构变化、城市化完成、人口减少而自然形成的,主要措施包括产业结构升级、低碳燃料替代、能效技术进步、碳密集制造业转移等。[2]其中大部分已实现碳达峰的发达国家人均 GDP(按购买力评价指数 PPP 折算)在 2 万美元以上、城市人口占比超过 50%。除波兰外,1996 年以后所有实现碳达峰的发达国家第三产业占 GDP 的比重达 65% 以上,美国等一些国家的比重甚至接近 80%。[3]基于已达峰国家的一些经验,我国在实现碳达峰的过程中可以借鉴其相关行动路径或方案,但同时也需要注意结合我国各地区产业发展结构、能源基础、城市化水

[1] Kelly Levin, David Rich: Turning Point: Which Countries' GHG Emissions Have Peaked? Which Will in the Future? https://www.wri.org/insights/turning-point-which-countries-ghg-emissions-have-peaked-which-will-future.

[2] 庄贵阳:《碳达峰、碳中和,这些国际经验可借鉴》,载《光明日报》2021 年 4 月 29 日,第 15 版。

[3] 李媛媛、李丽平、姜欢欢、张彬、刘金淼:《碳达峰国家特征及对我国的启示》,载《中国环境报》2014 年 4 月 13 日。

平、自然生态环境等实际情况，因地制宜、统筹谋划，逐步推进我国碳达峰目标的实现。

三、 各国碳中和的承诺与行动

目前，已经有国家宣布实现碳中和。2014 年苏里南就宣布已经进入了负排放时代，并在 2020 年更新了国家自主贡献（NDC），苏里南称其"NDC 增强过程"将耗资 6.96 亿美元，将重点放在森林、电力、农业和交通四个关键领域，实现 93% 的森林覆盖，到 2030 年将可再生能源电力的份额保持在 35% 以上。[1]随后，2018 年不丹宣布成为第二个实现碳中和的国家，并于 2021 年 6 月更新了其 NDC，承诺将加大其减排能力，预计在 2021—2030 年期间，农业和畜牧业（粮食安全）、居民住宅、工业和运输等部门的累计减排约为 20 亿吨二氧化碳当量。[2]

截至 2021 年 1 月，已经有包括中国在内的 30 多个国家或地区对实现碳中和目标做出了明确的承诺。能源和气候信息机构（ECIU）[3]发布的报告显示，瑞典、丹麦、法国、德国、新西兰、英国、匈牙利、西班牙等国目前已经通过或正在审议"碳中和"相关法案，美国加州、加拿大、苏格兰、爱尔兰也通过了具有法律效力的行政命令、碳预算或执政党联盟协议，斐济、马绍尔群岛、哥斯达黎加、欧盟、不丹、新加坡、斯洛伐克等国家和地区已将承诺有关的长期战略提交联合国。本书在 ECIU 发布报告的基础上，通过搜集官方报道、媒体新闻、机构观点，依据承诺时间的先后、承诺性质的法律效力、是否出台相应行动方案、有无资金安排以及是否明确提出优先发展领域，对已明确承诺碳中和目标的国家和地区进行了梳理，如表 2-1 所示。

---

〔1〕 UN News：Suriname's climate promise, for a sustainable future, https://news. un. org/en/story/2020/01/1056422.

〔2〕 Climate Action Tracker：Climate Target Update Tracker Bhutan, https://climateactiontracker.org/climate-target-update-tracker/bhutan/.

〔3〕 Energy and Climate Intelligence Unit：Net Zero Tracker, https://zerotracker.net/.

表 2-1 部分国家/地区碳中和行动方案、资金承诺与优先领域

	国家（地区）	时间	承诺性质	行动方案	资金承诺	优先领域
1	苏里南	已实现	/	2020 年向联合国提交了更新的 NDC	6.96 亿美元	保护森林；经济多元化发展
2	不丹	已实现	/	《国家适应行动方案》[1]		水电开发，工业增长和农业集约化是不丹可持续发展的三个主要途径
3	乌拉圭	2030 年	提交联合国	三次国家信息通报[2]		减少牛肉养殖、废弃物和能源排放
4	埃塞俄比亚	2030 年	政策宣示	《发展和变革计划》[3]《十五年国家气候变化适应规划》[4]国家行动纲领（NAPA）[5]		"绿色遗产"倡议，四年内种植 200 亿棵树
5	挪威	2030 年[6]	政策宣示	《气候变化法》[7]	数十亿欧协助贫穷国减少碳足迹	全面淘汰汽油燃料汽车，深入北极海探索更多石油天然气
6	芬兰	2035 年	执政党联盟协议	《欧洲绿色新政》城市战略系列提案[8]长期低排放发展战略[9]	见注1	见注2

---

〔1〕 Bhutan | UNDP Climate Change Adaptation，https：//www.adaptation-undp.org/explore/bhutan.

〔2〕 Uruguay | UNDP Climate Change Adaptation，https：//www.adaptation-undp.org/explore/latin-america-and-caribbean/uruguay.

〔3〕 《中华人民共和国国家林业局与埃塞俄比亚联邦民主共和国环境、森林与气候变化部关于林业合作的谅解备忘录》，http：//www.forestry.gov.cn/ghs/4610/20181112/html/main/main_5071/20181112200156872898935/file/20181112200429951772182.pdf。

〔4〕 《埃塞俄比亚大使赵志远在〈埃塞先驱报〉发表署名文章》，https：//www.fmprc.gov.cn/web/zwbd_673032/fbwz/t1841590.shtml。

〔5〕 Ethiopia | UNDP Climate Change Adaptation，https：//www.adaptation-undp.org/projects/ethiopia-national-programme-action-napa.

〔6〕 能源研究俱乐部：《研究报告 | 欧洲能源转型：2050 年碳中和路径探析》，http：//news.bjx.com.cn/html/20201109/1114676.shtml。

〔7〕 Norway：Climate Change Act，https：//climate-laws.org/geographies/norway/laws/climate-change-act.

〔8〕 《芬兰：全民共迎"碳中和"时代》，载《光明日报》2019 年 11 月 29 日，第 12 版，http：//www.agri.cn/V20/ZX/sjny/201911/t20191128_7246983.htm。

〔9〕 Finland Aims to Reach Carbon Neutrality in 2035，Go Carbon Negative Soon After，https：//sdg.iisd.org/news/finland-aims-to-reach-carbon-neutrality-in-2035-go-carbon-negative-soon-after/.

（续表）

	国家（地区）	时间	承诺性质	行动方案	资金承诺	优先领域
7	冰岛	2040 年	政策宣示	《气候行动计划》[1]	3.38 亿美元	到 2050 年完全摆脱对化石能源的依赖
8	奥地利	2040 年	政策宣示	2030 年任务《可再生能源扩张法案》[2]		建筑和交通领域，2030 年将屋顶光伏安装的目标从 10 万台提高到 100 万台，在 2035 年前逐步淘汰所有建筑的石油或燃煤供暖系统
9	瑞典	2045 年	法律规定	《欧洲绿色新政》[3]《气候法案》	见注 1	可再生能源
10	美国加州	2045 年	行政命令	《气候行动计划》[4]	未来 10 年，每年 60 亿美元	植被修复等除碳技术
11	丹麦	2050 年	法律规定	《欧洲绿色新政》《2025 年碳中和首都计划》[5] 首个气候法案[6]	见注 1	化石能源转型，电动汽车
12	法国	2050 年	法律规定	《欧洲绿色新政》《国家低碳战略》[7]	见注 3	化石燃料转型，到 2040 年停止油气生产
13	德国	2050 年	法律规定	《欧洲绿色新政》《欧洲气候法》[8]	补贴使用可再生能源的企业	增加电动汽车份额

---

[1] Government of Iceland: Climate Change, https://www.government.is/topics/environment-climate-and-nature-protection/climate-change/.

[2] European Parliament: Climate action in Austria Latest state of play, https://www.europarl.europa.eu/RegData/etudes/BRIE/2021/696186/EPRS_BRI(2021)696186_EN.pdf.

[3] 《〈欧洲绿色新政〉解读及对中国的启示借鉴》，《特别报道》2020 年第 2 期，http://www.chinaeol.net/zyzx/sjhjzz/zzlm/tbbd/202006/P020200604394566739776.pdf。

[4] 《新的路线图显示了美国到 2050 年如何实现碳中和》，http://cell.bio1000.com/molecular-cell/202002/0651446.html。

[5] 《哥本哈根缘何争当首座碳中和城市》，《英语文摘》2020 年第 1 期。

[6] 能源研究俱乐部：《研究报告｜欧洲能源转型：2050 年碳中和路径探析》，http://news.bjx.com.cn/html/20201109/1114676.shtml。

[7] 《碳中和，全球在行动：法国争当国际舞台"生态先锋"》，参考消息网 1 月 7 日，https://www.sohu.com/a/442968732_114911。

[8] 《Joachim Damasky：德国 2050 年达碳中和》，https://new.qq.com/rain/a/20210116A0B5KH00。

（续表）

	国家 （地区）	时间	承诺性质	行动方案	资金承诺	优先领域
14	新西兰	2050 年	法律规定	12 月 2 日通过的议案[1]	1.41 亿美元支持	农业除生物甲烷
15	英国	2050 年	法律规定	《气候变化法案》[2]修订	带动 120 亿英镑的政府投资，并拉动约三倍私人投资	"绿色工业革命"计划，海上风能，核能研究与电动车
16	匈牙利	2050 年	法律规定	《欧洲绿色新政》	见注 1	核能技术
17	西班牙	2050 年	法律草案	《欧洲绿色新政》	见注 1	禁止煤炭等许可证
18	爱尔兰	2050 年	执政党联盟协议	2015 年《气候行动与低碳发展法》2017 年《国家减缓计划》[3]		运输业和农业的碳排放量要在 2030 年前减半[4]
19	欧盟	2050 年	提交联合国	长期低排放发展战略[5]《欧洲绿色新政》可持续欧洲投资计划[6]	见注 1	清洁能源、循环经济、高能效建筑、可持续智慧出行、从农场到餐桌战略、生物多样性
20	斐济	2050 年	提交联合国	2018—2050 低碳排放发展战略[7]		包括电力和其他能源的使用、运输业、农业、林业和其他土地利用，以及浪费[8]

---

[1] 《新西兰宣布进入气候紧急状态，政府部门 2025 年率先实现碳中和》，https://www.sohu.com/a/435931810_778776。

[2] 《英国碳中和目标欲一箭双雕》，中国石油新闻中心 2021 年 1 月 21 日，http://news.cnpc.com.cn/system/2021/01/21/030022624.shtml。

[3] 能源知识库：《爱尔兰首次提出国家减缓计划，落实国家减碳阶段目标，以 2005 年为基准，2020 年减量 20%，2030 年减量 30%》，https://km.twenergy.org.tw/Data/share?Mwc7Ka20U4Ixw3ShFdsdWQ==。

[4] Climate Home News：Ireland's government agress on climate bill to set 2050 net zero goal in law，https://www.climatechangenews.com/2021/03/25/irelands-government-agrees-climate-bill-set-2050-net-zcro-goal-law/.

[5] 《欧盟正式提交长期温室气体低排放发展战略 承诺 2050 实现气候中性》，https://www.sohu.com/a/379040434_653090。

[6] 《欧盟成员国领导人就更高减排目标达成一致》，https://www.163.com/dy/article/FTLMEE3J0514R9OJ.html。

[7] Fiji Submits Low Emission Development Strategy to UNFCCC，United Nations Climate Change，http://sdg.iisd.org/news/fiji-submits-low-emission-development-strategy-to-unfccc/.

[8] FIJI Low Emission Development Strategy 2018—2050，https://www.greengrowthknowledge.org/sites/default/files/downloads/policy-database/Fiji-LEDS-2018_DIGITAL.pdf.

（续表）

	国家 （地区）	时间	承诺性质	行动方案	资金承诺	优先领域
21	马绍尔群岛	2050 年	提交联合国	《Tile Til Eo 2050 年气候战略：照亮道路》[1]		强调适应；包括了整个电力部门、废物和运输部门减少排放的经济建议
22	哥斯达黎加	2050 年	提交联合国	《国家脱碳计划》[2]		水力发电站为主，辅以风力发电，太阳能发电以及地热发电[3]
23	葡萄牙	2050 年	政策宣示	《国家氢战略》《2030 年国家能源和气候行动计划》[4]	大约 70 亿欧元投入绿氢能源	氢能使用与能源转型
24	加拿大	2050 年	政策宣示	《加拿大净零排放责任法案》[5]		要求为 2035 年、2040 年和 2045 年的"里程碑年"至少提前 10 年设定目标
25	智利	2050 年	政策宣示	《气候变化框架法》[6]		植树造林、发展电动汽车、改善废弃物处理、推广可再生能源、规定采矿等部门减排要求
26	日本	2050 年	政策宣示	《绿色增长战略》[7]	动员约 2.33 万亿美元私营绿色投资，成立约 192 亿美元绿色基金	14 个产业的发展目标和重点发展任务，见注 4

[1] SDG knowledge Hub：Marshall Islands' LTS Aims for Carbon Neutrality by 2050，https://sdg.iisd.org/news/marshall-islands-lts-aims-for-carbon-neutrality-by-2050/.

[2] 《哥斯达黎加积极发展可再生能源》，https://baijiahao.baidu.com/s?id=16879024969182265738&wfr=spider&for=pc。

[3] 《哥斯达黎加减碳里程碑：完全靠可再生能源供电持续 75 天》，https://www.cnbeta.com/articles/tech/380177.htm。

[4] 《葡萄牙批准〈国家氢能战略〉 70 亿欧元支持后 COVID-19 时代能源转型》，http://chuneng.bjx.com.cn/news/20200526/1075665.shtml。

[5] Canadian Net-Zero Emissions Accountability Act，https://climate-laws.org/geographies/canada/laws/canadian-net-zero-emissions-accountability-act.

[6] 《智利欲成为首个实现"碳中和"目标的发展中国家》，https://www.sohu.com/a/322155024_123753。

[7] 《着力发展氢能产业，日本〈绿色增长战略〉提出 2050 碳中和发展路线图》，http://www.mei.net.cn/qcgy/202101/1710683426.html。

（续表）

	国家 （地区）	时间	承诺性质	行动方案	资金承诺	优先领域
27	韩国	2050 年	政策宣示	2050 碳中和宣言[1]	见注 5	结束煤炭融资,可再生能源、氢能、能源IT 产业、低碳产业生态系统
28	瑞士	2050 年	政策宣示	气候变化立法《CO₂ 法案》修改阶段《2050 年能源战略》[2]	对化石燃料征收碳税,每吨二氧化碳的价格为 96 瑞士法郎（106 美元）	实施缺乏绿色重点的个别行动
29	南非	2050 年	政策宣示	国家气候变化报告[3]		国家可再生能源独立发电商采购计划（REI4P）,碳捕集与封存,电动汽车和混合动力电动汽车,实行碳税的长期计划[4]
30	哥斯达黎加	2050 年	提交联合国			气候变化战略围绕指标、减缓、脆弱性和适应、能力建设以及教育、文化和公众意识展开[5]
31	斯洛伐克	2050 年	提交联合国	《斯洛伐克共和国到 2030 年的低碳发展战略与 2050 年的展望》[6]	至 少 420—450 亿欧元	涵盖的行业有能源、工业过程、运输、农业、土地利用、土地利用变化与林业等

[1]《韩国将在 2050 年实现碳中和》,https://mp.weixin.qq.com/s?src＝11&timestamp＝1611295138&ver＝2843&signature＝QfZacpmxP＊vf0cMmuXnNl6NuL7G4zQ5ygRDk1goLissBeZngUv1Hk8b5RLE4p＊ajEd6Puxf8Vvgm28yaDaID4pl3UYFw7dcDFFXvlKNlLr7irBIwysHp8kAtURgGzMmS&new＝1。

[2] Switzerland | Climate Action Tracker,https://climateactiontracker.org/countries/switzerland/.

[3] https://www.environment.gov.za/otherdocuments/reports/southafricas_secondnational_climate-change.

[4] European Commission：South Africa | Climate Action, https://ec.europa.eu/clima/policies/international/cooperation/south-africa_en.

[5] UN：Costa Rica's Commitment：On The Path To Becoming Carbon-Neutral,https://www.un.org/en/chronicle/article/costa-ricas-commitment-path-becoming-carbon-neutral.

[6] Low-Carbon Development Strategy of the Slovak Republicuntil 2030 with a View to 2050,https://unfccc.int/sites/default/files/resource/LTS%20SK%20eng.pdf.

（续表）

	国家（地区）	时间	承诺性质	行动方案	资金承诺	优先领域
32	新加坡	21世纪下半叶	提交联合国	《新加坡长期低排放发展战略》[1]		采用 CCUS 技术和低碳燃料，在运作良好的碳市场、碳储存和区域电网等领域进行国际合作

注1：根据《欧洲绿色新政》，欧盟所有项目预算25％必须用于气候；至少30％的"投资欧洲"基金会用于应对气候变化；约5 500亿欧元将用于支持受绿色转型影响严重的成员国、地区和部门；欧洲投资银行到2025年使自身的气候融资从25％提高至50％，成为欧洲的气候银行。

注2：放弃煤炭和天然气，提高可再生能源比例，加大回收废热利用，提升能源利用效率，减少运输和通信行业排放，减少土地利用部门排放，增加碳汇。

注3：8亿欧元用于援建法国38个地区50个公共交通项目，创建零利率生态贷款，污染废弃物税率改变，碳税将会从2010年的17磅增长至2030年的100磅。

注4：战略针对包括海上风电、氢燃料、氢能、核能、汽车和蓄电池、半导体和通信、船舶、交通物流、食品农林水产、航空、碳循环、智能建筑、资源循环、生活方式在内14个产业的发展目标和重点发展任务。

注5：设置碳中和相关财政项目、绿色金融和基金，投入71亿美元，用于可再生能源取代对煤炭的依赖，创造就业机会，帮助经济从疫情中复苏。

由表2-1可看出，尽管近半数国家或地区仍处于政策性宣示阶段，但不少国家或地区已经提出优先发展的重点领域和相关资金支持计划，抑或有序地在国家、区域、行业等多个层面展开行动方案的制定和相关制度的建设。虽然不同国家发展阶段不同、排放底数不同，在实现碳中和的压力也不同，但相同的是，应对气候变化关乎着全人类的共同福祉，在全球性的气候危机面前没有任何个体能够独善其身，推动人类命运共同体的构建，需要世界各国都积极承担相应责任，投入全球治理中，以达成应对气候变化的"最大公约数"。

---

〔1〕 NCCS：Singapore's Long-Term Low-Emissions Development Strategy，https://unfccc.int/sites/default/files/resource/SingaporeLongtermlowemissionsdevelopmentstrategy.pdf.

第三章

碳达峰、碳中和的中国承诺

　　作为有担当的发展中大国,我国始终重视并积极参与全球气候治理进程,在应对气候变化方面作出了突出的历史贡献。2020 年 9 月,习近平总书记在第七十五届联合国大会一般性辩论上提出,我国"二氧化碳排放力争于 2030 年前达到峰值,努力争取 2060 年前实现碳中和",向世界做出了郑重承诺。本章通过详细梳理我国参与全球气候治理以及积极应对气候变化的历史贡献,帮助读者更清晰的理解国家对于"碳达峰、碳中和"的承诺具有政策和行动上的连续性;通过介绍"碳达峰、碳中和"目标对我国能源体系、产业结构、投资决策等产生的深远影响,阐释"碳达峰、碳中和"目标与我国转变发展模式、迈向高质量发展的战略目标的一致性;并尝试从区域发展、就业市场、社会福祉三个层面指出"碳达峰、碳中和"目标实现过程中可能遇到的公平性问题;最后,有助于读者理解为何说"碳达峰、碳中和"是一场经济社会系统性变革,以及如何在实现"碳达峰、碳中和"目标的过程中保证公平正义。

一、中国应对气候变化的历史贡献

(一)积极参与和推动国际气候应对进程

　　应对气候变化是世界各地共同面临的全球性难题,中国一直重视并积极参与全球应对气候变化的治理进程(如图 3-1 所示)。从 1979 年的第一次气候变化大会开始,中国便派代表出席各大气候应对会议,发表自己的观点和主张,并在国际上获得高度认可;1992 年,时任国务院总理李鹏出席联合国环境与发展大会,代表中国政府签署《联合国气候变化框架公约》,并提出了五项保护环境的主张,得到了各国肯定；同年，中国环境与发展国际合作委员会（简称国合会）成立，为中国与国际社会在可持续发展中的交流互鉴提供了平台；2007年，国务院印发《中国应对气候变化国家方案》，这是发展中国家颁布的第一部应对气候变化的国家方案，彰显了中国应对气候变化的积极态度；2009年，时任国务院总理温家宝和国务院副总理回良玉分别出席了哥本哈根会议和气候变化大会高级别会议，为推进多方面的气候服务，为人类社会可持续发展做出贡献。〔1〕中国为推动《哥本哈根协议》的形成，坚持《联合国气候变化框架公约》与《京都议定书》的双轨制，尽早完成"巴厘路线图"的谈判都发挥了建设性作用。

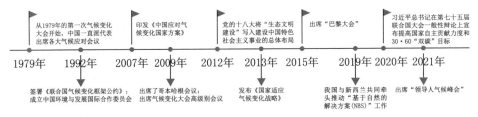

图3-1　我国积极参与和推进国际气候应对进程

随后，在2012年，党的十八大将"生态文明建设"写入建设中国特色社会主义事业的总体布局，并开展了一系列开创性工作，形成了如"绿水青山就是金山银山"一系列新思想新理念；2013年，中国发布第一部专门针对适应气候变化的战略规划《国家适应气候变化战略》，针对各领域气候变化的影响和适应工作基础，制定了重点适应任务；2015年习近平总书记出席巴黎大会，发表了题为《携手构建合作共赢、公平合理的气候变化治理机制》的重要讲话；2019年受联合国秘书长邀请，我国与新西兰共同牵头推动"基于自然的解决方案"（NBS）领域工作，并与相关国家和国际组织一道提出了150多个行动倡议，汇编了森林碳汇、生物多样性保护等30余个示范案例；〔2〕2020年，习近平总书记在第七十五届联合国大会一般性辩论上郑重宣布提高国家自主贡献力度和"碳达峰、碳中和"目标，同时在气候雄心峰会上通过视频发表了题为《继往开来，开启全球应对气候变化新征程》的

〔1〕 中国气象报社：《回良玉在第三次世界气候大会高级别会议上提出全面推进气候服务　更好造福全人类》，http://2011.cma.gov.cn/ztbd/qihoumeeting/photo/200909/t20090903_43780.html。

〔2〕 中国气候变化信息网：《"基于自然的解决方案"在中国的实践与展望来自联合国气候行动峰会的报道》，http://www.ccchina.org.cn/Detail.aspx?newsId=72380&TId=66。

重要讲话;2021年,习近平总书记出席"领导人气候峰会",发表了题为《共同构建人与自然生命共同体》的重要讲话。中国与全世界一起共同应对气候变化的决心从未改变,并一直付诸实践,为应对气候变化作出积极贡献。

专栏 3-1

地球更绿了! 美国航天局: 中国和印度贡献最大[1]

2019年,美国国家航空航天局(NASA)发推文表示,与20年前相比,地球越来越绿了。

美国航天局2019年2月11日发布最新研究称,全世界的绿化程度比20年前更高,而在这20年间,中国和印度始终都是全球绿化努力的领导者。这份发表在《自然·可持续发展》杂志上的最新研究报告称,最近的卫星数据显示,中国和印度境内的绿化规模非常醒目,而这些绿化地区与世界各地的农田区域重叠。

文章称,中国和印度境内大量植树并且实施农业集约化,地球比20年前更加绿色了。过去20年里地球增加的绿化面积,相当于亚马逊热带雨林的覆盖面积。其中,中国贡献突出。中国仅占全球植被面积的6.6%,但全球植被叶面积净增长的25%都来自中国。中国的绿化面积主要来自森林(42%)和耕地(32%),中国的保护和扩大森林计划在缓解土地退化、空气污染和气候变化方面做出了突出贡献。

(二)中国应对气候变化的重要行动

1. 提高国家自主贡献

中国始终积极参与全球气候治理进程,持续不断的采取应对气候变化的行动,逐步提高并努力实现NDC目标,为推动全球气候应对和可持续发展作出重要贡献。2015年6月,中国向联合国提交了《强化应对气候变化行动——中国国家自主贡献》,提出二氧化碳排放2030年左右达到峰值并争取尽早达峰,2030年单位国内生产总值二氧化碳排放比2005年下降60%—65%,非化石能源占一次能源消费比重达到20%左右,森林蓄积量比2005年增加45亿立方米左右;2020年

---

[1] China Daily: India and China are making Earth greener, http://language.chinadaily.com.cn/a/201902/15/WS5c664c12a3106c65c34e990d.html.

9 月,习近平总书记在第七十五届联合国大会一般性辩论上郑重宣布,"中国将提高国家自主贡献力度",并在气候雄心峰会上进一步宣布,"到 2030 年,中国单位国内生产总值二氧化碳排放将比 2005 年下降 65% 以上,非化石能源占一次能源消费比重将达到 25% 左右,森林蓄积量将比 2005 年增加 60 亿立方米,风电、太阳能发电总装机容量将达到 12 亿千瓦以上"。近几年来,我国的单位国内生产总值二氧化碳排放(以下简称"碳强度")持续下降,基本扭转二氧化碳排放快速增长局面。截至 2019 年底,碳强度比 2015 年下降 18.2%,已提前完成"十三五"约束性目标任务;碳强度较 2005 年降低约 48.1%,非化石能源占能源消费比重达15.3%,均已提前完成我国向国际社会承诺的 2020 年目标。经测算,相当于减少二氧化碳排放约 56.2 亿吨,减少二氧化硫约 1 192 万吨、氮氧化物约 1 130 万吨,应对气候变化和污染防治的协同作用初步显现。[1]

2. 设立中国气候变化南南合作基金

中国作为最大的发展中国家,一直不遗余力的支持和帮助其他发展中国家实现其国家自主贡献目标。2015 年中国宣布出资 200 亿元人民币,成立气候变化南南合作基金,继续推进清洁能源、防灾减灾、生态保护、气候适应型农业、低碳智慧型城市建设等国际合作,并帮助发展中国家提高融资能力。[2]根据 2021 年 1 月 10 日国务院新闻办公室发布的《新时代的中国国际发展合作》白皮书显示,截至目前我国已与 34 个国家开展了合作项目,在发展中国家开展 10 个低碳示范区、100 个减缓和适应气候变化项目及 1 000 个应对气候变化培训名额的"十百千"项目。帮助老挝、埃塞俄比亚等国编制环境保护、清洁能源等领域发展规划,加快绿色低碳转型进程。向缅甸等国赠送太阳能户用发电系统和清洁炉灶,既降低碳排放又有效保护了森林资源。赠埃塞俄比亚微小卫星成功发射,帮助其提升气候灾害预警监测和应对气候变化能力。2013 年至 2018 年,举办 200 余期气候变化和生态环保主题研修项目,并在学历学位项目中设置了环境管理与可持续发展等专业,为有关国家培训 5 000 余名人员。[3]中国气候变化南南合作基金受到了国际社

---

〔1〕 求是网:《坚决贯彻落实习近平总书记重要宣示 以更大力度推进应对气候变化工作》,http://www.qstheory.cn/llwx/2020-09/30/c_1126561371.htm。

〔2〕 人民网:《习近平出席气候变化巴黎大会开幕式并发表重要讲话》,http://politics.people.com.cn/n/2015/1201/c1024-27873613.html。

〔3〕 国务院新闻办公室:《新时代的中国国际发展合作》白皮书,http://www.scio.gov.cn/zfbps/32832/Document/1696685/1696685.htm。

会的高度赞赏,我国通过赠送物资、开展培训等大量合作项目,为其他发展中国家的绿色转型解决了众多实际问题,也为应对气候变化中的国际合作做出了榜样。

3. 建设绿色"一带一路"

"一带一路"沿线大多既是新兴经济体和发展中国家,又是世界经济较有活力但粗放发展的地区;既是自然资源集中生产区,又是集中消费区;既是生态环境类型多样性地区,又是生态环境脆弱区。[1]中国高度重视与"一带一路"沿线国家的生态文明合作,并相继印发了《关于推进绿色"一带一路"建设的指导意见》《"一带一路"生态环境保护合作规划》等政策文件,提出了一系列开展生态文明合作的重点项目和相应的体制机制保障,例如建设环保信息共享服务平台、构建生态环保合作智力支撑体系,建成一批环保产业合作示范基地、环境技术交流与转移基地、技术示范推广基地和科技园区等国际环境产业合作平台,支持环保社会组织与沿线国家相关机构建立合作伙伴关系,联合开展形式多样的生态环保公益活动等等。目前,绿色"一带一路"成绩斐然:在合作机制方面,"一带一路"绿色发展国际联盟成立,已有来自40多个国家的150余家机构成为联盟合作伙伴,[2]共同打造政策对话和沟通平台、环境知识和信息平台、绿色技术交流与转让平台;在合作模式方面,中柬环境合作中心、中老环境合作办公室、"一带一路"环境技术交流与转移中心、"一带一路"生态环保大数据服务平台等建立,成为区域和国家层面推动"一带一路"生态环保合作的重要依托;在合作交流方面,举办一系列绿色"一带一路"主题论坛,并实施绿色丝路使者计划,目前已为共建国家培训环境官员、研究学者及技术人员2 000余人次,遍布120多个国家。[3]

二、"碳达峰、碳中和"的承诺与响应

(一)"碳达峰、碳中和"的郑重承诺

2020年9月,习近平总书记在第七十五届联合国大会一般性辩论上提出:"中

---

〔1〕　人民论坛网:《共谋"一带一路"生态文明建设》,http://www.rmlt.com.cn/2018/0916/528293.shtml。

〔2〕　"一带一路"绿色发展国际联盟(BRIGC):《"一带一路"绿色发展国际联盟在线召开〈"一带一路"绿色发展报告〉工作会议》,http://www.brigc.net/xwzx/dtzx/lmdt/202007/t20200722_102064.html。

〔3〕　中国环境与发展国际合作委员会(CCICED):《绿色"一带一路"与2030年可持续发展议程》。

国将提高国家自主贡献力度，采取更加有力的政策和措施，二氧化碳排放力争于2030年前达到峰值，努力争取2060年前实现碳中和。"作为世界第二大经济体和最大的发展中国家，中国当前仍处于工业化和城市化发展阶段中后期，能源总需求一定时期内还会持续增长。从碳达峰到碳中和，发达国家有60年到70年的过渡期，而中国只有30年左右的时间。这意味着，中国温室气体减排的难度和力度都要比发达国家大得多。[1]与发达国家相比，我国面临着加快发展、改善民生的重任。尽管如此，我国仍然作出了"2030年碳达峰，2060年碳中和"的庄严承诺，为全球应对气候变化作出表率，充分体现了负责任大国的担当。

"中华文明历来崇尚天人合一，追求人与自然和谐共生。"[2]我国在发展历程中从提出"对自然不能只讲索取不讲投入、只讲利用不讲建设"，到认识到"人与自然和谐相处"；从"科学发展观"到"进入新发展阶段、贯彻新发展理念、构建新发展格局"；从党的十八大将"生态文明建设"纳入中国特色社会主义"五位一体"总体布局，到党的十九大将"美丽中国"作为21世纪中叶建成富强民主文明和谐美丽的社会主义现代化强国的重要目标，再到党的十九届五中全会提出"经济社会发展全面绿色转型"，都凸显出生态文明建设对于确保中华民族永续发展、实现中华民族伟大复兴中国梦、建设美丽中国极其重要的基础地位和战略地位。[3]当前我国将碳达峰、碳中和纳入生态文明建设的总体布局，是建设中国特色社会主义事业的重要内容，也是我国在经济社会发展中实现绿色低碳目标的需要。

（二）"碳达峰、碳中和"的各界响应

自"碳达峰、碳中和"目标提出以来，全国各地区、各领域纷纷响应国家号召，部分地区已公开宣布本地区的碳达峰碳中和时间，如上海、深圳宣布要在2025年前实现碳达峰；北京在2012年已实现碳达峰，则提出要在2050年实

---

〔1〕 人民网：《打好实现碳达峰碳中和这场硬仗》，http://tj.people.com.cn/n2/2021/0604/c375366-34761351.html。

〔2〕 求是网：《习近平在"领导人气候峰会"上的讲话》，http://www.qstheory.cn/yaowen/2021-04/22/c_1127363007.htm。

〔3〕 黄承梁：《把碳达峰碳中和作为生态文明建设的历史性任务》，https://www.gmw.cn/xueshu/2021-03/25/content_34715504.htm。

现碳中和。[1]与此同时,各省(市)加快编制"碳达峰、碳中和"行动方案,并开展一系列配套措施和行动,为保障"碳达峰、碳中和"目标如期实现"保驾护航"。其中,江苏省生态环境厅印发《省生态环境厅2021年推动碳达峰碳中和工作计划》,提出了22项工作计划,这是全国第一份省级生态环境系统关于"碳达峰、碳中和"的年度工作计划;浙江省高度重视双碳行动中科技创新的支撑作用,率先制定了《浙江省碳达峰碳中和科技创新行动方案》,提出了科技创新"八大工程"具体的22项行动;四川省则发布了《四川省积极有序推广和规范碳中和方案》,这是国内首份社会活动层面的碳中和省级推广方案,目的是弘扬以低碳为荣的社会新风尚,有序推广和规范各类活动碳中和。[2]

同时,在行业承诺中,2021年1月,17家石油和化工企业、化工园区以及中国石油和化学工业联合会在京联合签署并共同发布《中国石油和化学工业碳达峰与碳中和宣言》,以此作为新时代中国石油和化工行业践行绿色发展理念、建设生态文明和美丽地球的新起点,并提出六项倡议和承诺。[3]2021年2月10日,中国钢铁工业协会向全行业发出《钢铁担当,开启低碳新征程——推进钢铁行业低碳行动倡议书》,并提出将成立低碳工作推进委员会,研究制定推进钢铁行业提前实现碳达峰行动计划,编制行业低碳转型路线图。[4]目前各行业、各部门都在紧锣密鼓的筹备和部署"碳达峰、碳中和"工作,助力"碳达峰、碳中和"目标如期实现。

三、 迈向碳达峰、碳中和的机遇与挑战

(一)"碳达峰、碳中和"目标下的高质量发展

随着环境灾害、资源短缺、气候变化等问题日益突出,平衡环境保护与经济增

〔1〕 人民日报:《北京:碳达峰顺利完成 碳中和目标明确》,https://www.solidwaste.com.cn/news/324770.html。

〔2〕 四川省生态环境厅:《关于印发〈四川省积极有序推广和规范碳中和方案〉的通知》,https://sthjt.sc.gov.cn/sthjt/c103956/2021/4/2/24e00219a8374312a30324af8736ab6c.shtml。

〔3〕 中化新网:《行业发布碳达峰与碳中和宣言 提出六项倡议和承诺》,http://www.sinochem.com/s/1375-4638-143892.html。

〔4〕 中国钢铁工业协会:《钢铁担当,开启低碳新征程——推进钢铁行业低碳行动倡议书》,https://www.sohu.com/a/450321281_270669。

长成为国际社会关注的焦点。在实现"碳达峰、碳中和"目标的过程中,如何转变发展方式,在加速实现经济增长与污染排放脱钩的同时,把握产业结构优化和能源结构调整过程中的新增长点,有效利用市场机制调节、降低社会减排成本,实现经济社会迈向绿色、低碳、可持续的高质量发展阶段,是各个国家、地区在进行"碳达峰、碳中和"战略研判时需要思考的问题。

1. 产业结构优化过程中的增长点

从世界范围内看,工业化是国家和地区发展经济、创造财富的"首选",但同时在工业化过程中造成的严重生态危机和环境破坏也曾让人类付出过惨重的代价。梯度转移理论认为,不同地方由于要素禀赋、发展水平不同,形成了明显的产业级差,高梯度地区引领创新发展,低梯度地区承接转移而来的生产活动。产业向后发地区转移,固然可以带动后发地区的发展,但也会导致后发地区的低梯度位置逐渐固化,陷入"引进—落后—淘汰—再引进"的后发困境。[1]在"双碳"目标实现的过程中,对于后发地区的高耗能、高排放企业行业,发展方式的转型可能会抑制它们的短期增长,其中一些适应性较弱的企业甚至可能会由此而遭受"毁灭性"打击,但与此同时,产业结构的优化升级也会为经济增长带来众多发展机遇。

据统计,2021 年上半年,我国新能源汽车产销量分别完成 121.5 万辆和 120.1 万辆,同比均增长两倍;累计销量已与 2019 年全年持平,新能源汽车销量占比已提升至 9.4%。同时,我国可再生能源装机规模稳步扩大,截至 2021 年 6 月底,全国可再生能源发电装机达到 9.71 亿千瓦,全国发电设备累计生产 6 172.33 万千瓦,其中清洁能源水电和风电机组合计生产 3 367.06 万千瓦,占比 54.55%,超过半数,比重较上年提高 5.21 个百分点。[2]"碳达峰、碳中和"目标正在倒逼产业向绿色低碳转型升级,尤其是对于工业制造业体系而言,2019 年我国总共消费 48.6 亿吨标煤,其中工业占比超过 60%,[3]构建绿色低碳的工业制造业体系,发展先进的技术,以及由于高耗能、高排放产业为降低排放,新增大量对清洁能源设备、低碳排放设备等技术改造的需求,从而产生绿色、低碳、零碳等技术的投资,都能够为当地带来新的经济增长点。

〔1〕 李斌:《走出产业转移的后发困境》,载《人民日报》2017 年 5 月 25 日,第 5 版。

〔2〕 张翼:《"双碳"目标引领产业转型加速》,载《光明日报》,2021 年 8 月 7 日,第 3 版。

〔3〕 周亚敏:《以碳达峰与碳中和目标促我国产业链转型升级》,载《中国发展观察》2021 年第 2 期。

2. 能源结构调整过程中的增长点

"碳达峰、碳中和"要求实现可再生能源对传统化石能源的广泛替代,这关系着能源安全及其所需要付出的经济性代价。我国当前能源仍以传统能源为主,新能源体量还不够大,调整存量、做优增量的压力很大,实现风电、光伏、生物质发电等可再生能源又快又好发展,还面临发展节奏、政策衔接、措施配套、设备供应等许多具体难题。此外,根据国网能源研究院的初步测算表明,新能源电量渗透率超过15%后,系统成本进入快速增长临界点,2025年预计是2020年的2.3倍。[1]因此,能源结构调整中,如何控制一次能源消费总量、布局关键技术、实现经济效益等成为"碳达峰、碳中和"目标中的重要挑战。

不过在我国能源发展加速转型,可再生能源比例提高的过程中,也会为经济社会发展带来契机。根据估算,从现在到2060年,中国每年将有相当于GDP总量1.5%到2%的资金投入新能源、能源基础设施,以及碳中和科技创新和技术改造转型之中,预计2021年将超过1.5万亿元,以后还会逐渐增加,这是一个巨大的投资,也会引起全面的经济变化。[2]可再生能源的广泛替代和应用有助于巩固我国在此领域的优势地位,保障未来能源的低碳清洁供应,同时,对可再生能源的大量需求,使得对风电、光伏等非化石能源的绿色投资需求增加,这些都将成为能源结构转型所带来的经济增长机遇。

专栏 3-2

应对气候变化和经济发展,鱼和熊掌能否兼得?

英国研究机构Carbon Brief发布报告称,在2010—2019年期间,英国碳排放量总体出现了29%的下降,较21世纪第一个十年减排效果明显。同时指出,在实现碳减排的过程中,英国GDP上涨了18%左右,但碳排放量却出现了明显下降。数据显示,多年以来,英国积极发展可再生能源以及清洁技术,能效提升

〔1〕 内蒙古自治区能源局:《"十四五"能源挑战:控总量 调结构 攻技术》,http://fgw.wulanchabu.gov.cn/Article/HTML/4503.html。

〔2〕 经济参考报:《"双碳"目标要求加快经济结构转型升级与产业调整》,http://www.jjckb.cn/2021-05/19/c_139956225.htm。

措施的使用抵消了英国人口增长和GDP增长给环境带来的负面影响。[1]

以英国的《清洁增长战略》为例，英国很好地利用了其在全球向清洁能源经济转型中的显著经济竞争优势，在电力、电动汽车、低碳金融和专业服务等重要的新兴低碳领域发挥领导作用。英国气候变化委员会的分析表明，如果英国继续发展并利用这些优势，可以从这些脱碳趋势中获得显著的经济效益。英国低碳经济在2015—2030年可能每年增长11%，比英国整体经济的平均增速高4倍之多，这意味着低碳经济将从目前的约占英国总产出的2%增加到2030年的8%。到2030年，英国低碳商品和服务的出口价值会在600亿—1 700亿英镑。[2]

3. 绿色投融资过程中的增长点

"碳达峰、碳中和"过程中对于绿色低碳转型投融资的需求增加，向绿色发展基金、绿色信贷、绿色债券、绿色保险等绿色金融工具的创新应用提出了更高的要求。2016年我国发布的《关于构建绿色金融体系的指导意见》指出，目前我国正处于经济结构调整和发展方式转变的关键时期，对支持绿色产业和经济、社会可持续发展的绿色金融的需求不断扩大，绿色金融体系的完善有助于撬动更多社会资本投入到绿色低碳产业，加快我国经济向绿色化转型，培育新的经济增长点，提升经济增长潜力。[3]碳金融体系的建设和发展有助于推动社会资本向低碳领域流动，有利于激发企业开发低碳技术和应用低碳产品，带动企业生产模式和商业模式发生转变，提高企业的市场竞争力，为培育和创新发展低碳经济提供动力。[4]

同样值得关注的是，2021年7月全国碳排放权交易市场正式上线交易。作为

〔1〕 江苏省生态环境厅：《英国碳排创新低　电力领域最为明显》，http://hbt.jiangsu.gov.cn/art/2020/3/9/art_1567_9000391.html。

〔2〕 中国科学院科技战略咨询研究院：《英国〈清洁增长战略〉加大对低碳创新的投资》，http://www.casisd.cn/zkcg/ydkb/kjqykb/2017/201712/201712/t20171207_4909919.html。

〔3〕 生态环境部：《关于构建绿色金融体系的指导意见》，http://www.mee.gov.cn/gkml/hbb/gwy/201611/t20161124_368163.htm。

〔4〕 前瞻产业研究院：《2020年中国碳交易市场现状及发展趋势分析　成交金额创下新高》，https://www.qianzhan.com/analyst/detail/220/210329-4167b969.html。

一种利用市场手段实现低减排成本的政策机制创新,碳排放权交易市场的运行有效将形成合理稳定的碳价格,在推进我国经济社会低碳转型,助力实现"碳达峰、碳中和"目标中发挥关键作用。然而,全国的碳市场建设和有效运行所涉及的问题十分复杂,建设任务十分艰巨,不可能一蹴而就,是一个分阶段和不断发展完善的长期工程。[1]碳金融、气候金融等绿色金融体系的不断完善不仅有助于为绿色低碳项目带来丰富的融资渠道,其与碳市场相互配合,也能够有效的刺激碳市场的活性。但与此同时,由于我国绿色金融体系尚不完善,碳价格的波动性和不确定性,使得碳市场一旦过度金融化,则存在着高昂的监管成本和道德风险。[2]可见,全国碳排放权交易市场未来的建设和完善也将会伴随着一系列的挑战,需要政府及时制定出配套措施以指导全国碳市场发挥更大的效益,从而提高碳市场在实现"碳达峰、碳中和"愿景中的重要作用。

(二)"碳达峰、碳中和"目标中的社会公平刍议

2021年4月,习近平主席出席领导人气候峰会时指出:"生态环境关系各国人民的福祉,我们必须充分考虑各国人民对美好生活的向往、对优良环境的期待、对子孙后代的责任,探索保护环境和发展经济、创造就业、消除贫困的协同增效,在绿色转型过程中努力实现社会公平正义,增加各国人民获得感、幸福感、安全感。""碳达峰、碳中和"目标要实现的不仅是低碳减排、经济增长,还应该注重其社会效益。

1. 区域间的均衡发展

低碳减排既涉及气候环境、经济结构、能源基础、发展阶段等问题,也关乎社会民生、福利、公平等诸多方面。例如各地区因为历史排放量、历史转移责任的差距,在碳达峰、碳中和的过程中极有可能出现区域发展不均衡的问题。从历史累积碳排放来看,经济发展在历史上过多依靠能源密集型制造业或者化石能源产业的地区,历史排放较多,未来将承担更多减排责任;但从碳转移的视角来看,中国的碳转移主要从经济较发达地区向欠发达地区流动。一方面,尽管作为能源生产

---

[1] 张希良、张达、余润心:《中国特色全国碳市场设计理论与实践》,载《管理世界》2021年第8期,第80—94页。

[2] 管清友:《碳交易与碳税孰优孰劣?》,http://finance.sina.com.cn/zl/china/2021-04-09/zl-ik-mxzfmk5924041.shtml。

基地的地区历史累计碳排放较大，但一般不作为能源的最终消费者；另一方面，随着东部环境规制趋严，东部的一些高污染、高排放产业大多转移到经济低值的落后地区，而河北、河南、四川、青海等中西部地区被动接受淘汰落后产能，导致该区域碳排放过高。[1]

这种区域发展的不平衡所造成的企业实力、创新能力、科技水平、经济基础等差距，将会对不同地区的碳减排工作带来深远的影响，如若忽视这种区域差异，那么很可能在碳达峰、碳中和的工作过程中引发"马太效应"，加剧区域间的不平衡发展，因此，各地区的减排目标、所获得的补偿都需要进行科学的设置和论证，以兼顾效率与公平。反之，这亦是一次后发地区实现发展方式转型、形成自身优势的机会，利用这次降碳减排行动，整合、挖掘本地资源，加强区域间的产业或技术合作，完善补偿机制，缩小地区发展差距，同时有利于为实现共同富裕铺平道路。

2. 就业中的"消"与"长"

除了区域均衡发展，在绿色低碳转型中的就业问题也一直是被各国所重点关注的领域。在实现"碳达峰、碳中和"目标的过程中，就业岗位的"此消彼长"不可避免，传统行业如煤炭，受消费量的控制以及生产效率提高的影响，而带来就业岗位的锐减。根据国家统计局发布的第四次全国经济普查公报显示，2018年末，全国煤炭开采和洗选业法人单位有 1.3 万个，与 2013 年末（1.9 万）相比，下降了 0.6 万个；从业人员有 347.3 万人，与 2013 年末（611.3 万人）相比，下降了 43.2%，减少了 264 万人。反之，在一些清洁能源应用领域，如清洁基础设施建设维护与传统化石燃料能源开发相比，往往需要更多的资本和劳动力，则会创造更多的就业机会。高盛投资银行（Goldman Sachs）按行业和技术划分了中国实现净零碳排放的潜在路径，预估到 2060 年，中国在实现净零目标中将促进各部门创造 4 000 万个就业机会，创造就业的主要领域是可持续能源生态系统，以可再生能源发电为主，其次是电网和电气化基础设施。[2]因此，总体而言，经济

〔1〕 王文举、陈真玲：《中国省级区域初始碳配额分配方案研究——基于责任与目标、公平与效率的视角》，载《管理世界》2019 年第 3 期，第 81—98 页。

〔2〕 Goldman Sachs: Carbonomics: China Net Zero—The Clean Tech Revolution, https://www.goldmansachs.com/insights/pages/gs-research/carbonomics-china-netzero/report.pdf.

社会的低碳转型可能会减少部分职业中的岗位，但并不会缩减工作机会，在碳达峰、碳中和中合理及时地安排转岗转业，提升劳动技能，才能不断适应新的发展阶段。

专栏3-3

《2018全球就业和社会展望：绿色就业》

根据国际劳工组织近日发布的报告《2018全球就业和社会展望：绿色就业》，如果各国政府加紧制定适当的推动绿色经济发展政策，绿色经济到2030年将为全球创造2 400万个就业机会。

该报告指出，控制全球温升不超过2℃的行动将抵消全球因此减少的600万个岗位，为全社会带来足够的就业机会。报告认为，在能源领域应采取包括改变能源结构、促进电动汽车使用和提高建筑物能源效率的做法，这些可持续发展做法将创造新的就业机会。同时，在维护生态系统的服务业与农业、渔业、林业和旅游业等行业将需要雇用12亿工人，这些工作机会的数量将与之前基本持平。从地区层面看，由于在能源生产和使用方面采取环保措施，美洲、亚洲和太平洋以及欧洲分别将增加约300万个、1 400万个和200万个就业岗位。但是，由于中东和非洲的就业较多依赖化石燃料和采矿业，这些地区的就业机会将分别减少0.48%和0.04%。

该报告指出，大多数经济部门都将从创造就业机会中受益。在报告分析的163个经济部门中，只有14个经济部门的就业岗位会出现减少趋势。其中，石油开采和石油炼制这两个行业今后将减少100万或更多的就业岗位。但是，可再生能源发电行业将增加250万个就业机会，这将抵消化石燃料发电行业减少的约40万个就业机会。此外，包括回收、修理、出租和再制造等活动将取代传统"提取、制造、使用和处理"的经济模式，这种转型将创造600万个就业岗位。[1]

---

[1] 经济日报：《绿色经济将新增2 400万个岗位》，http://stzg.china.com.cn/2018-05/18/content_40342757.htm。

3. 生态建设中的脱贫攻坚

"碳达峰、碳中和"目标实现的一个关键路径就是提升自然生态系统的碳汇能力。我国林地、草原、湿地、荒漠化土地占国土面积70%以上，分布着全国60%的贫困人口，这些地区既是生态建设的主战场，也是脱贫攻坚的主战场。[1]这些"主战场"中具备天然的有机碳库，以湿地为例，湿地中的泥炭地、红树林、海草床等都储存了大量的碳，如若湿地、森林等这些碳库遭到破坏，将会释放大量的二氧化碳，从而直接引发全球气温的上升。但同时也因为这些地区的贫困人口较为聚集，部分地区或居民为了短期的经济增长和利益，过度伐木、过度放牧、破坏植被等问题凸显。因此，在实现"碳达峰、碳中和"目标过程中，对此类问题的解决，也有可能会引发新的矛盾，例如可能会在短期内影响当地社区居民的生计；同时，在传统产业的低碳转型中，一部分人也可能会因为不具备相应的劳动技能，而难以适应新的工作方式，等等。

低碳转型也为贫困地区带来了更多的发展机遇。如常见的新能源扶贫，2014年国家能源局、国务院扶贫办联合发布了《关于实施光伏扶贫工程工作方案》，从国家层面推动光伏扶贫行动，此后，光伏扶贫项目作为精准扶贫的重要项目在全国普遍开展。[2]以分布式光伏发电为代表的新能源扶贫投入少，见效快，且收益稳定。其中新的屋顶光伏服务业态的兴起还带动了农民本地就业，并促进城乡互动，城市的资金、智能产品、金融服务都在随着光伏下乡向乡村汇集，农村与城市之间的融合度也在提升。[3]此外，近些年我国在生态产业扶贫、生态补偿扶贫、国土绿化扶贫、生态环保扶贫[4]等方面也取得了不菲的成绩。未来，在"碳达峰、碳中和"行动方案大力推行的过程中，可再生能源的广泛替代，还有助于在农村市场扩展清洁能源的应用，提高居民的生活质量，与此同时，贫困地区也可以继续借助能源调整和产业扶贫趋势，将碳减排工作嵌入乡村振兴的整体布局中，抓住机会推广低碳技术、引进各类人才，引领贫困地区的低碳发展，同时实现经济脱贫与绿色发展。

---

〔1〕　人民网：《生态扶贫》，http://fpzg.cpad.gov.cn/429463/430986/430992/index.html。
〔2〕　马翠萍、史丹：《中国能源扶贫40年及效果评价》，载《中国能源》2020年第9期，第10—14页。
〔3〕　中国经济新闻网：《搭建新能源扶贫平台机制助力乡村振兴》，http://www.cet.com.cn/wzsy/ycxw/2718764.shtml。
〔4〕　人民网：《生态扶贫》，http://fpzg.cpad.gov.cn/429463/430986/430992/index.html。

专栏3-4

"双碳"目标下的扶贫行动

森林碳汇是实现碳中和的有效途径。广西是全国重要的森林资源富集区、森林生态优势区,2019年森林覆盖率达到62.5%,居全国第3位;净二氧化碳吸收量约占全国6.5%,居全国第4位。面对新发展阶段的新要求,为探索将碳达峰、碳中和愿景与建设美丽广西、乡村振兴目标相融合,把林业优势资源有效转变为经济资源,探索具有广西特色的"碳中和"道路,2020年柳州市生态环境局组织编制了广西首个单株林木碳汇计量方法学,并在柳州市三江县成功试点了碳汇精准生态扶贫项目,构建数据交易平台,发动各方购买农户的单株林木碳汇,目前项目受益农户共141户,参与团购企业5家,线下购碳次数501人次,共售碳汇树木70 228株,购碳资金收入21.1万元。企业和个人通过购买单株林木的碳汇量,抵消生产活动及日常生活中的碳排放量,迈出碳中和第一步。[1]

另外,广西上林县立足境内多滩涂荒地的实际情况,推广了"渔光互补"扶贫项目,在光伏板下套养土鸭、土鹅等,大力发展光伏扶贫产业,一举破解全县65个贫困村集体经济收入无来源或不稳定的难题,增加贫困村村集体经济收入,打造出独具特色的"上林光伏扶贫模式"。自2017年以来,上林县通过独资和集资两种方式,先后建起上林县贫困村光伏扶贫电站和上林县40兆瓦集中式光伏扶贫电站。截至2020年4月,65个贫困村光伏收益695.34万元,平均每个贫困村收入超10万元。[2]

---

[1] 广西壮族自治区生态环境厅:《探索碳汇扶贫新模式,广西迈出碳中和第一步》,http://sthjt.gxzf.gov.cn/zwxx/gzdt/t8671276.shtml。

[2] 南宁环保:《上林县:"碳中和"目标下 光伏产业助力脱贫攻坚》,https://www.sohu.com/a/446184558_480217。

碳达峰、碳中和的路径

第四章

碳达峰、碳中和目标的路径选择

在实现"碳达峰、碳中和"目标的过程中,排放路径的科学预测是决策者正确进行顶层设计的前提和基础,行动路径的系统梳理为决策者碳达峰碳中和行动方案的制定提供了底层逻辑,技术路径的比较和恰当选择则是目标得以实现的关键所在。本章分别从排放路径、减排路径和技术路径三个维度,系统展示我国实现"碳达峰、碳中和"目标的路径选择,帮助读者理解"碳达峰、碳中和"目标的行动逻辑、现实路径和技术体系。本章也是第二篇章的一个总览,对于实现"碳达峰、碳中和"目标的路径进行一个框架性的描述,针对具体如何构建绿色能源体系、高能效循环利用体系以及负排放体系将分别在本篇的五至九章进行详细说明。

一、碳达峰与碳中和的路径选择

(一) 排放路径

在各级"碳达峰、碳中和"行动方案的设计和制度安排中,路径的选择至关重要。根据我国对"碳达峰、碳中和"目标的承诺,从 2020 年起计算,我国只有 10 年的时间来实现"碳达峰",只有 40 年的时间来实现"碳中和"。许多发达国家诸如英国、美国、德国、日本等都承诺在 2050 年实现"碳中和",比我国要早一些。然而,需要注意的是,这些国家往往在 21 世纪最初十年甚至 20 世纪末便已经实现了"碳达峰"。相比于他们,我国从"碳达峰"迈向"碳中和"的时间间隔更短,减排压力更大。因此,合理判断我国未来 40 年的排放路径,对于制定"碳达峰、碳中和"的相关政策至关重要。

所谓排放路径，是指对于未来碳排放随时间的演变的预判。[1]对于这一排放路径问题，许多研究机构和学者进行过预测（图 4-1）。虽然百家争鸣的讨论迄今尚未达成绝对的统一意见，但在基本的碳排放路径上，我国在 2020—2060 年间的排放路径大体上可以划分为三个阶段：第一阶段为 2020—2030 年左右的达峰期；第二阶段为 2030 年左右实现碳达峰后的过渡期；第三阶段为 2035—2060 年的脱碳期。

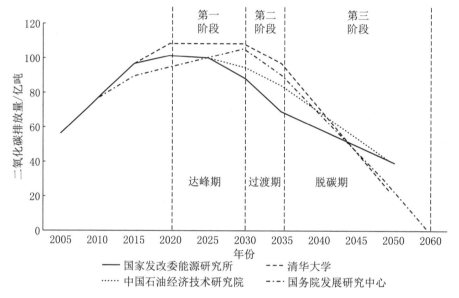

资料来源：李继峰等：《我国实现 2060 年前碳中和目标的路径分析》，2021 年；王灿等：《碳中和愿景的实现路径与政策体系》，2020 年。

图 4-1 不同研究机构对碳排放路径的预测结果

1. 达峰期：2020—2030 年

当前正面临的是 2020—2030 年的达峰期。达峰期顾名思义，即在这十年里，需要采取一系列措施，以期在 2030 年前实现"碳达峰"的目标。需要注意的是，在这十年里，需要应对疫情对经济社会造成的冲击，经济复苏导致能源消费量很难下降，甚至会进一步增长，因此我国面临的减排形势仍然较为严峻。

---

[1] 王灿、张雅欣：《碳中和愿景的实现路径与政策体系》，载《中国环境管理》2020 年第 6 期，第 58—64 页。

达峰期的关键在于能源生产和消费两侧的共同发力。生产侧注重能源结构的优化,它不仅决定着"碳达峰"的目标是否能顺利实现,也是后续实现"碳中和"目标的基础。这一优化目标包括两个方面:首先,在达峰期阶段的十年里,作为碳排放主要来源的煤炭仍将是我国能源消耗的主力,因此,发展高效的化石能源利用技术、促进其清洁利用是降低碳排放的一个关键点;同时,推进新能源产业发展是实现能源结构优化的核心,未来十年将是新能源技术发展的重要阶段,因此,需要重点推动风电、光伏、氢能为代表的新能源产业的发展。而消费侧则包括了生产方式转型和生活方式转型两个方面,从生产方式转型方面来看,推动工业减排、绿色交通、绿色建筑与可持续农业等将是未来的重点发展方向;从生活方式转型方面来看,需要引导居民和消费者转向合理膳食、优化居住、绿色消费、低碳出行等。

2. 过渡期:2030—2035 年

在 2030 年左右碳排放达到峰值以后,碳排放将进入过渡期,这也是由"碳达峰"目标向"碳中和"目标跃进的重要窗口期。依托于达峰期经济向低碳高质量发展的转型努力,在过渡期,碳排放将缓慢下降,同时,我国的能源结构将在这一阶段发生关键性的转变,为实现"碳中和"目标奠定基础。

过渡期的关键在于绿色能源体系的建设。在跃过达峰期、碳排放达到峰值以后,要想顺利进入碳排放下降的通道,迈向"碳中和"目标,绿色能源体系的建设是必由之路,而达峰期完成的能源结构优化将为这一阶段的转型打下基础。在这一阶段,控制化石能源消费取得显著成效,电力和其他清洁新能源的占比将超过传统的化石能源,成为能源消费的主体。[1]

3. 脱碳期:2035—2060 年

在过渡期结束后,2035—2060 年的 25 年时间将进入脱碳期,也是实现"碳中和"目标的决胜期。在这一阶段,我国的碳排放将迎来快速稳定的下降,直到 2060 年前,"碳中和"目标得以顺利实现。

脱碳期的主要特征是绿色能源体系的彻底建成和负排放技术的大规模商业化应用。达峰期和过渡期打下的新能源产业基础,将成为这一阶段碳排放量下降的主要驱动力。在电力部门中,风电、水电、太阳能发电成为电力的主要来源,储

---

〔1〕 项目综合报告编写组:《〈中国长期低碳发展战略与转型综合研究〉综合报告》,载《中国人口、资源与环境》2020 年第 11 期。

能技术得到深入发展与广泛应用。[1]在工业、建筑、交通等部门中，电力和其他新能源在能源消费结构中占据绝对的支配地位，煤炭等传统化石能源将遭到逐步淘汰。此外，在这一阶段，负排放体系将发挥重要作用。例如在生产工艺流程不得不使用化石能源作为原料而非燃料的行业中，CCUS 技术将得到广泛应用，以减少相应的碳排放；在相关政策的支持下，森林、草地、湿地、海洋等自然碳汇资源经过较长时间的提前部署也开始逐渐发挥重要作用。多种因素共同驱动，最终在2060 年前实现"碳中和"的宏伟目标。

（二）行动逻辑

从碳中和的定义来看，实现碳中和的行动逻辑基本遵循"控制减少排放"和"移除抵消排放"两条路径：从排放控制视角来看，要尽可能控制和减少二氧化碳排放使得碳排放"近零"；而从排放移除视角来看，则要大力发展和应用碳移除技术，用以实现碳排放的"抵消"。沿着这两条思路，绿色能源体系、高能效循环利用体系、负排放体系共同构成了碳中和行动路径的主要组成部分（见图 4-2）。

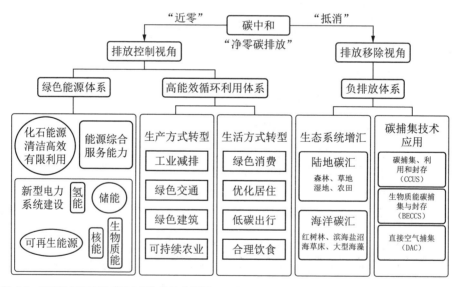

图 4-2　双重视角下实现"碳中和"的技术路径

---

〔1〕　林伯强：《2060 年中国"碳中和"目标的路径、机遇与挑战》，https://www.yicai.com/news/100843313.html。

1. 控制减少排放

控制减少排放主要依靠绿色能源体系的建设和高能效循环利用体系的建设。其中,绿色能源体系的建设主要包括三个方面:第一是针对化石能源的清洁高效有限利用;第二是针对非化石能源的快速替代,其中包括优先发展可再生能源、建设新型电力系统、推进经济部门的电气化转型以及大力发展"新能源 + 储能"产业等;第三是针对提升能源综合服务能力,包括源网荷储一体化、多能互补、区域综合能源规划等。三个方面彼此依存,不可分割。高能效循环利用体系则需要从生产和消费侧两端同时发力,促进节能增效,发展循环经济,推广绿色生活方式。从生产侧看,这一体系的建立要求各个产业部门关注生产活动中的碳排放过程,推动工业减排、绿色交通、绿色建筑与可持续农业等,通过改进设备、改良工艺、循环经济等手段推动高效化、清洁化生产,完成生产方式转型;而在消费侧,这一体系要求实现生活方式的绿色化和低碳化,引导居民走向绿色消费、优化居住、低碳出行、合理饮食等,完成生活方式的绿色转型。

2. 移除抵消排放

移除抵消排放主要依靠负排放体系的建设。绿色能源体系和高能效循环利用体系的建设,将会大幅度降低我国的碳排放。然而,一方面全社会经济系统近零排放能否实现受到关键技术突破、技术经济性等诸多不确定因素影响;另一方面即使大规模应用可再生能源,仍有部分化石能源消费是无法替代的,这就凸显了负排放体系建设的重要性。因此,在2060年可能难以实现完全近零排放的情况下,大力发展负排放技术,建设负排放体系,便成为实现"碳中和"目标的关键抓手和重要保障。

负排放体系建设的关键主要包括了两个部分:首先是基于自然生态系统的增汇机制,自然生态系统及其相互关联的整体对全球碳循环的平衡和维持起着关键性的作用,因此自然生态系统增汇也是实现"碳中和"的重要路径之一。其次是基于工业技术的碳捕集技术应用,主要包括碳捕集、利用与封存(CCUS),[1]生物质能碳捕集与封存(BECCS)、直接空气捕集(DAC)等。因此,在排放路径的第三阶段,负排放体系建设将会是实现净零排放即"碳中和"的重要技术路径组成。值得注意的是,自然生态系统增汇真正发挥负排放作用,往往需要十几年,甚至几十

---

〔1〕 关于CCUS学界存在一定争议,相关讨论见第九章。

年的提前布局，因此在各级"碳达峰、碳中和"行动方案的顶层设计阶段便要加以重视。

二、 绿色能源体系建设

（一）传统化石能源

来自化石能源的碳排放占据了我国碳排放的绝大部分，我国由化石能源消费产生的碳排放总量为 100 亿吨左右，其中约 70% 由煤炭所贡献。[1] 因此，控制化石能源尤其是煤炭消费、促进其清洁利用是绿色能源体系建设的前提。虽然在短期内，煤炭等化石能源的需求刚性及核心地位仍然无法被动摇。但从长期来看，随着清洁能源开采技术、新能源技术以及核能技术的发展，煤炭等化石能源在我国能源体系的地位必然会得到根本性的改变。为了顺利实现"碳中和"目标，传统煤炭行业必须不断提升煤炭清洁开采和利用水平，推广煤炭清洁开采技术，大力推进煤炭清洁高效转化利用，积极探索煤炭原料化和材料化的低碳发展路径，使煤炭由燃料向原料转变。对于其他化石能源，也应逐渐减少其在能源消费中的占比，推广石油和天然气产业的低碳高质量发展，以实现向绿色能源体系的转型。

（二）非化石能源

非化石能源主要是指太阳能、风能、水能、地热能、海洋能、生物质能等可再生能源以及氢能、核能等新能源。相对于传统能源，非化石能源普遍具有污染少、储量大的特点。我国可再生能源发电起步较晚，但却发展迅猛。国家能源局的数据显示，截至 2020 年底，我国可再生能源发电装机总规模达到 9.3 亿千瓦，占总装机的 42.4%。[2] 在实现"碳中和"目标过程中，展现出较大应用前景的主要是太阳能、风能、水能、核能等，在合适区位发展风电和光电产业，因地制宜发展水电，平稳安全发展核电等，是实现碳减排的重要工作之一。以光伏产业为例，在经历 20 年的发展后，我国光伏产业在制造业产量、装机量和发电量方面均位居世界第一，

---

〔1〕 中国能源网：《碳排放大户，煤炭行业面临巨大挑战》，2021 年，http://www.chinase.com/news/news-1112129-1.html。

〔2〕 《清洁低碳，能源结构这样转型》，载《人民日报》2021 年 3 月 31 日，第 7 版。

不断取得技术突破,成本不断下降,已经接近传统化石能源发电的成本。此外,氢能尤其是利用可再生能源制备的"绿氢",在发电、化工、燃料电池、军事、医学等领域具有十分广阔的应用前景,由于我国具备发展氢能产业的多重优势,因此氢能发展也成为助力碳中和的重要路径之一。

(三) 能源综合服务能力

作为一个地域辽阔、人口众多的大国,我国在实现"碳中和"目标中的绿色能源体系建设,绝非一时一地所能完成,而是一个整体性、综合性、系统性的浩大工程。因此,在绿色能源体系建设的过程中,需要大力推进源网荷储一体化和多能互补发展,通过综合能源规划提升能源综合服务能力。从需求侧看,需要考虑不同部门的总体能源需求,通过一体化的协同设计提升能源体系总体效率,建设高效的能源系统,提升单位 GDP 能源利用率;从供给侧看,需要注重化石能源与新能源的互补,逐步建立起多轮驱动的能源供应体系;推动能源系统向绿色化、清洁化、低碳化方向转型。

(四) 绿色能源体系建设:机遇与挑战

在实现"碳中和"目标的过程中,我国的产业结构将发生巨大的转变,机遇与挑战将会在很长一段时间内共存。随着"碳中和"目标的设定、相关政策的制定和实施,在接下来的相当一段时期内,诸多新能源行业与储能行业将会迎来发展的春天,对这些行业进行投资或许都将有长期的收益,包括新能源车产业、光伏/风电产业、氢能产业等。

然而,"碳中和"目标和相关政策在为诸多行业带来机遇的同时,一系列严峻挑战也不可避免地产生。最大的挑战来自经济增长。在可以预见的未来,我国的快速经济发展对能源消费依旧有着较大的需求,能源消费量仍将进一步增长。如何处理好经济增长与"碳中和"目标的关系,是当期面临的一个重要考验。此外,由"碳中和"带来的民生问题也不容忽视。尽管能源结构的低碳转型能促进一些新兴行业加速发展,并创造出更多就业机会,但在传统化石能源及上下游行业中,也会有大批就业群体因此面临收入降低、转岗甚至失业的危机。因此,准确把握"碳中和"道路上的潜在风险与挑战,实现公平转型,也是一个需要重视的问题。

三、 高能效循环利用体系建设

（一） 生产侧

高能效循环利用体系，即在生产和消费过程中力求节能增效，发展循环经济，实现节能减排。就生产侧而言，高能效循环利用体系与各个国民经济部门都有着紧密联系，尤其是碳排放主要来源的工业、建筑、交通、农业四大部门。因此，实现四大部门生产方式的转型，是构建高能效循环利用体系的必然要求。

工业部门的能源消费占全国总终端能耗的 65%，是最主要的能源消费和二氧化碳排放部门。[1]因此，在工业部门建立起高能效的循环利用体系，对于实现工业部门的碳减排有着重要意义。一方面，工业部门的碳减排关键在能源结构上，大力发展清洁能源、发展电能替代技术、提高能源利用效率，最终实现能源消费结构转型，是工业部门碳减排的基础。另一方面，工业部门也需要逐渐淘汰落后的工艺和产能、推广使用清洁生产技术，以推动产业结构升级。

建筑部门能耗 2018 年约占总终端能耗的 20%，[2]随着部分地区城镇化速度的加快以及人民改善住房条件等需求的增加，能耗总量和占全国终端能耗比例均将呈增加趋势。建筑部门实现节能减排的渠道包括发掘改造潜力、进行气候适应性设计、全生命周期管理、开发绿色建筑评价体系等。通过这些方式，可以有效减少建筑部门的碳排放。

目前交通部门能源消费占全国总终端能耗约 10%，[3]我国道路交通仍处在快速发展阶段，未来一段时间仍表现出较快的增长趋势。交通部门要实现碳减排，关键在于构建多元能源结构、优化交通运输结构、推进绿色交通装备标准化和清洁化、引导公众出行观念绿色转变等方面。此外，数字化运输系统等新兴技术也可以极大助力交通部门的绿色转型，交通部门的减排潜力相当可观。

农业部门是另一个产生有大量碳排放的经济部门，占全国排放总量的 7%—8%，农业部分排放主要集中在农事生产过程的能源消耗、农药化肥施用、农业生

---

[1][2][3] 项目综合报告编写组：《〈中国长期低碳发展战略与转型综合研究〉综合报告》，载《中国人口、资源与环境》2020 年第 11 期。

产直接温室气体排放等,加上农村地区生产生活用能,农业农村温室气体排放量占全国排放总量的 15% 左右。[1]甲烷等非二氧化碳温室气体的排放需要得到足够的重视。此外,农业部门在能源结构调整、节能潜力挖掘等重大措施之外,发展富碳农业也将极大激发农业减排固碳潜力,为负排放提供一定空间。通过绿色栽培、循环农业、规模生产、碳汇交易等方法,可以充分利用好农业部门的减排潜力,实现该部门的碳减排。

（二）消费侧

生产侧的高能效循环利用体系着眼于各个国民经济部门,而消费侧的高能效循环利用体系则聚焦于居民层面,与我们每个人的生活息息相关。居民家庭的生活消费是产生碳排放的一个重要来源,根据 IPCC 的核算,全球约三分之二的排放与私人家庭活动有关,作为重要的消费支出单位,家庭消费对节能减排的影响至关重要,家庭的衣、食、住、行各个方面都会直接或间接产生大量碳排放。因此,在消费侧,高能效循环利用体系重点在绿色消费、合理饮食、优化居住、低碳出行等几个方面,包括建立健全低碳产品认证和碳足迹标签制度引导低碳消费、建立餐饮智能化低碳供应链和社区厨余垃圾堆肥机制、推动集约化居住、树立低碳出行意识等。

（三）高能效循环利用体系构建：机遇与挑战

高能效循环利用体系的构建,是实现"碳达峰、碳中和"目标的关键路径。这一体系的构建将会带来一些全新的机遇,借助于这些机遇,将能实现向清洁生产、低碳生活的转型。例如,生产方式的低碳转型将极大促进 CCUS 产业的发展,近几年来兴起的"共享经济",也有助于公众集约节约等低碳消费方式的实现。

然而,高能效循环利用体系的构建也面临着一系列挑战。从生产侧来看,各个国民经济部门在进行清洁生产的绿色转型时,不仅需要付出巨大的经济成本,在技术上也可能存在较多问题;而在消费侧,如何不断提高居民的绿色消费意识和绿色生活观念,也是当下需要考虑的重要问题。

---

[1] 金书秦、林煜等:《以低碳带动农业绿色转型:中国农业碳排放特征及其减排路径》,载《改革》2021年第 5 期,第 29—37 页。

四、 负排放体系建设

（一） 负排放体系发展现状

作为实现"碳中和"目标的重要抓手，负排放体系的重要性毋庸置疑。自从气候变化问题得到全球的普遍关注以来，负排放技术便迎来了蓬勃的发展。到现在为止，一些技术快速发展甚至已经投入了工程应用。主流的负排放路径包括两种：一类是基于自然的生态系统增汇；另一类是基于工业技术的碳捕集方法。

自然生态系统的增汇，是指增加自然生态系统的碳汇，增强自然生态系统对二氧化碳气体的吸收和固定。自然生态系统在全球碳循环中发挥了重要作用，森林、草地、湿地、海洋等都是重要的碳汇资源。2020 年，习近平主席在气候雄心峰会上明确提出："2030 年左右，森林蓄积量将比 2005 年增加 60 亿立方米"，可见自然生态系统增汇在负排放体系中的巨大潜力。充分利用好森林、草地、湿地、海洋等自然生态系统，发展基于自然生态系统的增汇机制，是实现"碳中和"目标的重要路径之一。

相较于自然增汇，一些基于工业技术的碳捕集方法也在占据着越来越重要的地位。碳捕集、利用和封存（CCUS）是人工捕获二氧化碳并进行进一步封存或者利用的技术。在 20 世纪 70 年代，国外就已经开始对碳捕集技术进行相关的研究。到今天为止，CCUS 技术已经走过了近 50 年的发展史，已经日益趋向成熟，在国内外已经有了较多的工程应用。

生物质能碳捕集与封存（BECCS）技术是一项结合了生物质能生产和二氧化碳捕集与封存（CCS）的负排放技术，它被 IPCC 第五次评估报告认为是将全球升温稳定在低水平的关键技术。然而，这一被寄予厚望的技术仍具有较大的不确定性，其应用和普及受到来自生物质可供应量、技术成熟度、大规模实施的经济性以及技术社会和生态影响的不确定等方面的制约。

直接空气碳捕集（DAC）技术，即直接从空气中捕集二氧化碳，是一种通过工程系统从大气中去除二氧化碳的技术，该技术可有效降低大气中二氧化碳浓度。DAC 技术是一种回收利用分布源排放二氧化碳的技术，可以处理交通、农林、建筑行业等分布源排放的二氧化碳，这也是它相比于其他负排放技术的优势所在。

（二）负排放体系的减排潜力

许多研究都指出,要想控制住全球二氧化碳排放和温度上升的趋势,一系列负排放技术的发展与应用必不可少。例如,我国一项最新发表在《自然》(*Nature*)杂志上的研究显示,我国陆地生态系统固碳能力巨大,2010—2016 年,我国陆地生态系统年均吸收约 11.1 亿吨碳,吸收了同时期人为碳排放的 45%,但在以往研究中这一数值被严重低估。尽管该结论还存在一定争议,但依旧反映了自然生态系统增汇机制的巨大减排潜力。[1]此外,对于基于工业技术的碳捕集技术应用的减排潜力也已经有了许多研究。2018 年,IPCC 在其关于全球气候变暖 1.5 ℃的特别报告中便指出,CCUS 技术可有效改善全球气候的变化,几乎所有情景都需要其参与才能将全球温升控制在1.5 ℃内。[2]

那么整个负排放体系有着多大的减排潜力? 目前,已经有一些相关的研究对这一问题进行了回答。自然碳汇方面,有估计认为,按照天然草地每年每公顷可固碳 1.5 吨计算,我国的草地资源每年总固碳量约为 6 亿吨;长江、珠江、黄河三大河流每年固定的二氧化碳也有 0.57 亿吨左右;我国岩溶作用每年可回收大气二氧化碳量 0.51 亿吨;依托土地综合整治等手段可实现农田减排增汇,到 2030 年,我国农业空间最大技术减排潜力约为每年 6.67 亿吨二氧化碳。总体而言,在不包括海洋碳汇的前提下,我国陆地森林、草原、湿地等生态系统的最大技术减排潜力约为每年 36 亿吨二氧化碳。[3]

对于工业碳捕集利用封存技术减排潜力的估计,比较具有代表性的是来自中国 21世纪议程管理中心的估计,到 2050 年 CCUS 技术可为我国提供每年 11 亿—27 亿吨二氧化碳规模减排贡献。到那时,化石能源仍将扮演重要角色,占我国能源消费比例的 10%—15%,而 CCUS 将为实现该部分化石能源近零排放提供重要支撑。[4]

（三）负排放体系: 机遇与挑战

作为实现"碳中和"目标的重要技术路径,负排放体系在近年来得到了蓬勃发

---

[1] Wang, J., Feng, L. et al.: Large Chinese land carbon sink estimated from atmospheric carbon dioxide data. *Nature* 586, 720—723 (2020). https://doi.org/10.1038/s41586-020-2849-9.

[2] IPCC:《全球升温 1.5 ℃特别报告》,2018 年。

[3]《实现碳达峰、碳中和的自然碳汇解决方案》,载《中国矿业报》2021 年 7 月 30 日,第 3 版。

[4]《双碳目标下碳捕集封存技术这样破局突围》,载《科技日报》2021 年 6 月 11 日,第 2 版。

展,在可以预见的未来,必将不断迎来技术上的突破。这些突破将深刻影响我国"碳中和"目标的实现路径。例如,利用CCUS技术,燃煤电厂可以实现清洁生产,而不是必须彻底退出。因此,在助力"碳中和"目标的同时,负排放技术的应用也将为各个行业带来巨大的机遇。

然而,迄今为止,诸多的负排放技术仍然停留在发展的初期阶段。自然生态系统的增汇需要的是经年累月的努力,需要许多政策上的引导和支持,权衡成本与收益,保障经济发展与推进"碳中和"目标的并行。而对于工业碳捕集利用封存技术而言,虽然CCUS、BECCS、DAC技术等都已经有了技术进展和试点性质的工程应用,但相比于"碳中和"目标对于负排放体系的要求,仍有着较大差距,面临着经济成本、技术局限、政策约束等多方面的调整。因此,如何推动负排放技术的发展与突破,也将是未来40年"碳中和"之路的重要关注点。

第五章

绿色能源体系建设

近几年来,我国能源发展在能源安全新战略的引领下,逐步迈向高质量发展阶段,能源生产和消费结构持续优化,能效水平大幅提高,碳排放增速明显减缓。但面对能源安全保障的刚性需求和资源环境的硬性约束,如期实现"碳达峰、碳中和"目标给我国能源体系的转型带来前所未有的压力与挑战,构建清洁低碳安全高效的绿色能源体系成为持续推动能源高质量发展的战略方向和必由之路。本章将国际能源体系的变革和新形势下国内能源系统发展的需求作为背景,阐述了我国建设绿色能源体系的战略需求,从生产、消费和效率三个层面介绍了我国能源体系的现状,重点分析了我国绿色能源体系建设的基本路径、系统性变革下传统化石能源行业需要做出的努力,以及非化石能源行业的发展机遇和挑战,帮助读者理解绿色能源体系建设的总体框架、判断相关产业的发展趋势。

一、 建设绿色能源体系的战略需求

放眼国际,当今世界正在经历一场更大范围、更深层次的科技革命和产业变革,能源发展呈现低碳化、电力化、智能化趋势。受新冠肺炎疫情和国际局势的影响,国际能源市场波动加大,全球能源治理体系深度调整。党的十八大以来,我国全面推进能源消费方式变革,构建多元清洁的能源供应体系,实施创新驱动发展战略,不断深化能源体制改革,持续推进能源领域国际合作,中国能源逐步进入高质量发展新阶段。与此同时,我国的能源发展也迎来新时代,习近平总书记提出"四个革命、一个合作"能源安全新战略,为新时代中国能源发展指明了方向,开辟了中国特色能源发展新道路。能源供给和储备体系不断完善,安全保障能力持续增强,告别了过去多年能源短缺的局面,能源供需总体保持平衡,安全风险总体可控,能源发展取得显著成效。

"碳达峰、碳中和"目标的提出,为我国能源转型提出了明确的时间表。然而,我国能源发展始终面临着资源和环境的硬性约束。一方面,作为世界第一大能源生产国和消费国,我国能源生产消费体量大,煤炭等化石能源占比高,能源行业规模体量大、关联作用强、影响范围广,能源活动碳排放占全国碳排放总量的比重高,减污降碳任务艰巨;另一方面,作为世界上最大的发展中国家,我国仍处于工业化发展中后期,随着新型城镇化进程的推进和居民生活水平的提高,未来一个时期我们仍将保持对能源消费增长的刚性需求,如期实现"碳达峰、碳中和"目标是一场硬仗,更是一场大考。我们坚决不能走发达国家走过的高耗能高碳排放老路,而是需要进一步加强能源体系的深刻变革,切实以较低的能源消耗和碳排放有效支撑高质量发展,助力经济社会发展全面绿色转型。着眼保障能源安全和应对气候变化两大目标任务,锚定 2030 年非化石能源消费比重 25% 和风电光伏装机 12 亿千瓦以上的目标,〔1〕构建清洁低碳安全高效的绿色能源体系成为持续推动能源高质量发展的战略方向和必由之路。

因此,聚焦"碳达峰、碳中和"目标,有必要把清洁低碳安全高效作为能源发展的主导方向,同时推进能源生产和消费革命,控制化石能源清洁高效有限利用,加速实现可再生能源替代,构建以新能源为主体的新型电力系统,完善能源输送网络和储存设施,形成节约高效的社会用能模式,同时加快信息技术和能源技术融合发展,提升能源全产业链数字化智能化水平,推动构建多能协同、供需协调、智慧高效的绿色能源体系。

二、 我国能源体系现状

了解我国能源体系现状,有助于充分认识我国能源体系转型所需做出的努力方向以及变革路径。近年来我国能源体系改革不断深入,能源供给和消费结构逐

---

〔1〕 新华社:《习近平在气候雄心峰会上的讲话(全文)》,http://www.gov.cn/xinwen/2020-12/13/content_5569138.htm。

渐优化,能源供应保障能力不断增强,基本形成了煤、油、气、电、核、新能源和可再生能源多轮驱动的能源生产体系,输送能力显著提高,能源消费结构向清洁低碳加快转变,能源利用效率显著提高,碳排放增量明显减缓。但从经济增长对能源消费的依赖程度来看,尽管能源消费与经济发展已经开始逐渐脱钩,但尚未实现完全脱钩,且能源结构仍以煤炭、石油等化石燃料为主,在"碳达峰、碳中和"背景下能源体系的转型面临着前所未有的压力与挑战。

(一)能源生产

我国能源资源总量比较丰富,但总体呈现人均拥有量较低、地区分布不均衡、开发难度较大等特征。[1]尽管煤炭资源丰富,剩余探明可采储量位列世界第三位,但石油、天然气资源储量相对不足;人均能源资源拥有量在世界上处于较低水平,除煤炭和水力资源人均拥有量相当于世界平均水平的50%,石油、天然气人均资源量仅为世界平均水平的十五分之一左右;能源资源分布广泛但不均衡,资源禀赋与能源消费地域存在明显差别,大规模、长距离的北煤南运、北油南运、西气东输、西电东送,是中国能源流向的显著特征和能源运输的基本格局;化石能源开采地质条件复杂,埋藏深,勘探开发技术要求较高,非常规能源资源勘探程度低,经济性较差,缺乏竞争力。

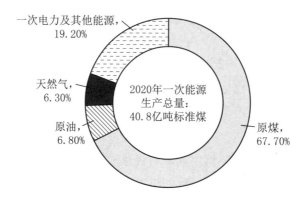

图 5-1 2020 年中国一次能源生产能力

---

[1] 参见 2007 年底国务院新闻办发布的《中国的能源状况与政策》白皮书。

随着能源转型步伐加快，我国能源生产结构持续优化，天然气和一次电力[1]及其他能源占比持续增加，但总体上以生产常规化石能源为主的特征没有根本性改变。如图 5-1 所示，2020 年我国一次能源生产能力达到 40.8 亿吨标准煤，较上年增长 2.7%。其中，原煤产量 27.6 亿吨标准煤，比上年增长 1.3%，增速比上年回落 2.5 个百分点，占一次能源生产总量的 67.7%；原油产量 2.8 亿吨标准煤，比上年增长 1.2%，增速比上年加快 0.7 个百分点，占一次能源生产总量的 6.8%；天然气产量达到 1 925 亿立方米，比上年增长 9.8%，增速与上年持平，占一次能源生产总量的 6.3%；非化石能源（一次电力及其他能源）占一次能源生产总量的 19.2%。[2]

如图 5-2 所示，2020 年我国发电量约 7.62 万亿千瓦时，比上年增长 3.7%，增速比上年回落 1 个百分点，其中煤电占比 65%，常规水电占比 17%，风电占比 6%，核电占比 5%，太阳能发电占比 2%，气电占比 3%，生物质发电占比 2%。[3]

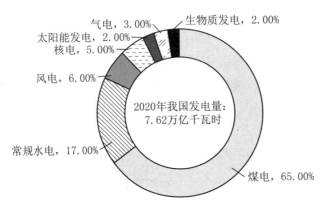

图 5-2　2020 年中国电力生产能力

（二）能源消费

"十三五"期间，我国严格落实能源消费总量和强度双控制度，以较低的能源消费增长保障了经济社会健康发展，能源行业坚持节约优先和绿色低碳战略，能

---

[1] 一次电力指计入一次能源的电力，具体包括核电、水电、风电以及太阳能发电所发出的电力。
[2] 资料来源：国家统计局。
[3] 电力规划设计总院：《中国能源发展报告 2020》，人民日报出版社 2021 年版。

源消费类型结构逐渐优化,但部门能源消费仍以重工业为主导。总体上,中国的能源消费总量得到有效控制,消费结构仍有待完善,能源消费的绿色低碳转型仍需进一步加强。

如图 5-3 所示,2020 年我国能源消费总量达 49.8 亿吨标准煤,全年消费增速比上年增长 2.2%。其中,煤炭消费 28.3 亿吨标准煤,比上年增长 0.6%;石油消费 9.4 亿吨标准煤,比上年增长 3.3%;天然气消费 3 288 亿立方米,比上年增长 7.2%;非化石能源消费 7.9 亿吨标准煤,全社会用电量 7.5 万亿千瓦时,比上年增长 3.1%。能源结构不断优化,煤炭消费占比 56.8%,比上年下降 0.9 个百分点;石油消费占比 18.9%,下降 0.1 个百分比;天然气消费占比 8.4%,上升 0.4 个百分比;非化石能源[1]占一次能源消费的比重达到 15.9%,比上年提高 0.6 个百分点;天然气、水电、核电、风电等清洁能源消费占比 24.3%,比上年上升 1 个百分点。

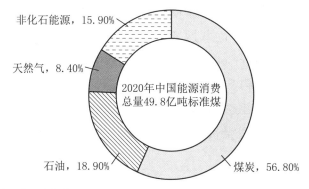

图 5-3　2020 年中国能源消费结构

如图 5-4 所示,从部门消费来看,电力、钢铁、建材、化工分别占煤炭消费的52.1%、17.1%、12.4%、7.2%;交通运输业依然是石油消费的主要部门,随着化工用油需求的增长,石油需求结构向化工轻油转型的趋势正在加速;对于天然气消费,工业燃料部门、城市燃气消费、发电用气、化工用气的比重分别为 37.7%、36.6%、16.7% 和 9%;工业用电比重逐年降低,居民生活用电比重逐步升高,分别

───────────────

〔1〕 非化石能源统计包括光伏、风电、水电、核电以及包括太阳能热利用在内的其他能源。

占社会用电总量的 67% 和 14.6%。[1]

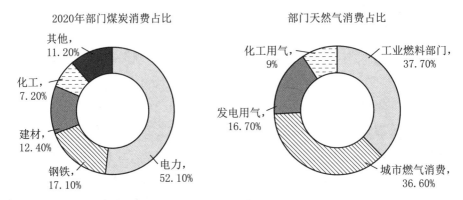

图 5-4　2020 年部门能源消费结构

2001—2019 年,我国碳排放量由 34.3 亿吨提升至 98.3 亿吨。[2]如图 5-5 所示,2020 年,与能源相关的二氧化碳排放量约 99.2 亿吨,同比增长 1.6%;其中煤炭、石油和天然气的排放占比分别为 72.6%、20.4% 和 7%。[3]国际碳行动伙伴组织统计数据显示,2020 年,我国来自能源领域的碳排放占全国排放总量的 77%、工业过程碳排放量占 14%、农业及废弃物碳排放占比分别为 7% 和 2%。在化石能源为主的能源结构下,节能提效是降低二氧化碳排放的重要举措,也是当前中国能源战略的首要任务。近年来,全国单位 GDP 二氧化碳排放持续下降,基本扭转了二氧化碳排放总量快速增长的局面。2020 年,单位 GDP 二氧化碳排

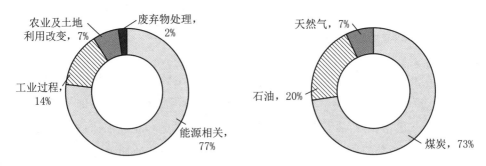

图 5-5　2020 年二氧化碳排放结构

〔1〕〔3〕　电力规划设计总院:《中国能源发展报告 2020》,人民日报出版社 2021 年版。
〔2〕　资料来源:《世界能源统计年鉴》。

放量约 0.98 吨/万元,较 2015 年下降 18.8%,超额完成"十三五"期间提出的下降 18%的约束性目标,碳强度比 2005 年降低 48.1%,非化石能源占能源消费比重达到 15.3%,已经提前完成了中国向国际社会承诺的 2020 年碳排放强度比 2005 年下降 40%—45%,非化石能源占一次能源消费比重达到 15%的目标。

(三) 能源效率

近几年来,我国能源行业节能技术不断攻关,努力提高能效水平,使得节能降耗不断取得新成效,能源强度即单位 GDP 能耗(能源消费量/国内生产总值)持续下降,全国万元国内生产总值能耗从 2001 年的 1.43 吨标准煤/万元下降到 2020 年的 0.49 吨标准煤/万元。[1]与上一年相比,规模以上工业单位增加值能耗下降 0.4%。重点耗能工业企业单位电石综合能耗下降 2.1%,单位合成氨综合能耗上升 0.3%,吨钢综合能耗下降 0.3%,单位电解铝综合能耗下降 1.0%。尽管近几年来中国的能效水平明显提高,但与世界平均水平差距仍然较大,中国目前的能源强度是世界平均水平的 1.5 倍,这一状况不具有可持续性。[2]如果国内的能源强度下降到世界平均水平,将意味着产出同样的 GDP,可以节约十几亿吨标准煤。

国家统计局的数据显示(见表 5-1),2019 年能源消费弹性系数(能源消费弹性系数是指能源消费的增长率与 GDP 增长率之比,是反映能源消费增长速度与国民经济增长速度之间比例关系的指标,可以直观反映经济增长对能源的依赖程度)比 2001 年共下降 0.15,能源利用效率有所提升。尽管在此期间由于我国经济高速增长过度依赖能源消费,使得能源消费弹性系数快速提升至 1 左右,能源利用效率比较低;但 2012 年我国经济进入新常态后,能源消费增长速度保持在 4%以内,经济增长对能源的依赖程度逐渐降低。国内经济增长对能源消费的依赖程度在波动中逐渐下降,在经济发展新常态下,经济增长与能源消费已不存在明显相关关系,说明能源消费与经济发展已经开始逐渐脱钩,但尚未完全脱钩。

---

[1] 资料来源:国家统计局。
[2] 杜祥琬:《中国能源结构转型不会出现以油气为主的阶段》,载中国石油新闻中心 2020 年 12 月, http://news.cnpc.com.cn/system/2020/12/11/030018874.shtml。

表 5-1　我国国内生产总值增长速度、能源消费增长速度及能源消费弹性系数随时间变化趋势

年份	国内生产总值增长速度（%）	能源消费增长速度（%）	能源消费弹性系数
2001	8.3	5.8	0.7
2002	9.1	9	0.99
2003	10	16.2	1.62
2004	10.1	16.8	1.66
2005	11.4	13.5	1.18
2006	12.7	9.6	0.76
2007	14.2	8.7	0.61
2008	9.7	2.9	0.3
2009	9.4	4.8	0.51
2010	10.6	7.3	0.69
2011	9.6	7.3	0.76
2012	7.9	3.9	0.49
2013	7.8	3.7	0.47
2014	7.4	2.7	0.36
2015	7	1.3	0.19
2016	6.8	1.7	0.25
2017	6.9	3.2	0.46
2018	6.7	3.5	0.52
2019	6	3.3	0.55

资料来源：国家统计局。

三、 绿色能源体系建设的基本路径

当前我国正处于加快能源系统深刻变革、建设绿色能源体系、迈向高质量发展的关键时期，着眼保障能源安全和应对气候变化两大目标任务，实现能源领域的深度脱碳和本质安全对我国建立清洁低碳、安全高效的绿色能源体系提出更高要求。从能源安全的角度来看，绿色能源体系的构建在短期内需要面对能源系统的巨大变革，承受转型与变革的阵痛，但从长远来看，坚定不移走生态优先、绿色低碳的高质量发展道路，逐步减少对化石能源依赖，才能实现我国能源本质安全。从应对气候变化的角度，为了如期实现"碳达峰、碳中和"目标，2030 年非化石能源消费比重要达到 25%，风电光伏装机达到 12 亿千瓦以上，有研究表明，到 2060 年我国非化石能源消费占比将由目前的 16% 左右提升到 80% 以上，非化石能源发电量占比将由目前的 34% 左右提高到 90% 以上。[1] 结合现有对 2060 年的能源

---

[1]　章建华：《我国能源绿色低碳转型驶入"快车道"》，载《经济参考报》2021 年 5 月 24 日。

和电力消费的预测,可以大胆假设,如果能源总量 45 亿吨标准煤,电力按当前考虑热电转换效率(1 千瓦时电大约相当于不到 300 克标准煤)的方式折算,电力约 15 万亿千瓦时。如图 5-6 所示,其中,水电 5 亿千瓦装机,2 万亿千瓦时电量;风电 30 亿千瓦,6 万亿千瓦时;光伏 30 亿千瓦,3 万亿千瓦时;核电 4 亿千瓦,3 万亿千瓦时;生物质等 1 亿千瓦,0.5 万亿千瓦时;煤和天然气加 CCS,2 亿—3 亿千瓦,0.5 万亿千瓦时。与当前我国可再生能源发电装机总规模 9.3 亿千瓦的基数相比,我们必须制定更加积极的新能源发展目标,推进能源生产和消费的根本性革命。因此,把清洁低碳安全高效作为能源发展的主导方向,构建绿色能源体系成为持续推动能源高质量发展的战略方向和必由之路。

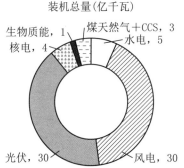
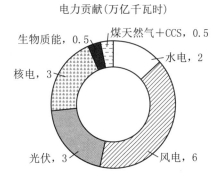

图 5-6 2060 年能源装机和电力贡献结构预测

绿色能源体系的构建要求我们同时推动能源绿色生产和消费,优化能源生产布局和消费结构,加快提高清洁能源和非化石能源消费比重,大幅降低二氧化碳排放强度和污染物排放水平,加快能源绿色低碳转型,建设美丽中国。控制化石能源消费、推进清洁高效有限利用,加快非化石能源替代、优先发展可再生能源,积极建设以新能源为主的新型电力系统、推进经济部门的全面电气化转型,大力发展"新能源 + 储能"产业,健全能源储运网络、推进源网荷储一体化和多能互补、提升综合能源服务能力以及加强区域层面的综合能源规划是实现"碳达峰、碳中和"目标的基本路径与关键着力点。

(一) 控制化石能源消费,推进清洁高效有限利用

在一些工业过程中,化石燃料依然是难以替代的,特别是在化工行业中作为原料的利用。因此,有必要进一步提升煤炭清洁开采和利用水平,积极推广充填

开采、保水开采等煤炭清洁开采技术，加强煤矿资源综合利用，对采煤沉陷区、废弃矿区进行综合治理，利用废弃矿区开展新能源及储能项目开发建设；加快煤炭减量步伐，加速煤电向支持性调节性电源转型，"严控新增、淘汰落后、节能升级"，积极推动钢铁、建材、化工等主要耗煤行业减煤限煤，大幅压减散煤，有序推进以化石能源为燃料的工业窑炉实行燃料清洁化替代，利用退役火电机组的既有厂址和相关设施建设储能设施；合理控制石油消费增速，科学优化天然气消费结构，全面实施油气绿色生产行动，大力推进油气输送降碳提效，积极推动油气加工转型升级，深入开展碳捕集技术研发应用，在油气田区域建设多能互补的区域供能系统；严格落实能源消费总量和强度双控制度，不断提升能源利用效率和减碳水平，切实从源头和入口形成有效的碳排放控制阀门。

（二）加速非化石能源替代，优先发展可再生能源

坚持可持续发展战略，大力推进非化石能源迭代发展，稳步加快替代力度和节奏，切实让绿色低碳发展的成色更足、分量更重。加快发展风电光伏产业，优先推进东中南部地区风电光伏就近开发消纳，积极推动东南沿海地区海上风电集群化开发和"三北"地区风电光伏基地化开发，因地制宜发展水电、生物质能、地热能等其他可再生能源，同时在确保安全的前提下积极有序地发展核电，开工建设一批重大工程项目，充分发挥重大工程项目的战略作用。

（三）建设新型电力系统，推进经济部门的电气化转型

电力部门的碳排放占我国碳排放总量的85%，[1]是能源系统转型的关键。无论从能源量级、能源结构还是能源增长需求来看，控制电力行业的碳排放，构建以清洁能源为主的新型电力系统，都是贯彻落实"碳达峰、碳中和"目标的重中之重。全面电气化是绿色能源体系建成的基础，各个经济部门大部分的能源消耗都将来自于电力，而煤炭、石油、天然气等化石能源不再被燃烧用以提供电力和动力，而是变为原材料提供给橡胶、塑料等化工品生产，排放的二氧化碳相对较少。各个经济部门的全面电气化，必须建立在电力部门完成系统性变革和低碳转型的基础上，电力结构不发生根本性的调整，即便经济部门全面电气化也难以推动"碳

---

[1] 杜刚、杨迪等：《实现"碳达峰、碳中和"目标——能源谋变》，载《瞭望》2021年6月15日。

中和"目标的实现。以全面电气化为特征的未来能源供应体系,要求清洁的电力供应,需要大幅提高新能源发电占比,对新能源的装机、系统消纳能力和灵活调节能力提出了更高的要求。随着新能源大规模开发、高比例并网,电力电量平衡、安全稳定控制等将面临前所未有的挑战,提升系统消纳能力和灵活调节能力是构建新型电力系统的必要条件。为此,加快推动电力系统向适应大规模高比例新能源方向演进,提升电力系统对大规模高比例新能源的消纳和调控能力;大力提升电力系统灵活调节能力,加强抽水蓄能、天然气发电等调峰电站建设,推进煤电灵活性改造,优化电网调度运行方式;建设以消纳新能源为主的智慧能源系统和微电网,加强源网荷储协同发展,推动风光互补、水火互济等多能互补,推进新能源电站与电网协调同步,充分发挥储能系统双向调节作用;深化电力体制改革,推动完善电价和电力调度交易机制,加强电力辅助服务市场建设,推进电力市场化交易,不断完善符合新型电力系统运行的配套机制和市场模式。此外,还需要加快新型电力系统关键技术研发应用,着力促进人工智能、大数据、物联网、先进信息通信等与电力系统深度融合,加快柔性直流输配电、新能源主动支撑、大规模储能电站、新型电力系统仿真和调度运行等技术的研发、示范和推广应用,形成与我国能源低碳转型发展相适应的新型电力系统关键技术体系。着力推动数字化、大数据、人工智能技术与能源清洁高效开发利用技术的融合创新,大力发展智慧能源技术,把能源技术及其关联产业培育成带动产业升级的新增长点,形成能源科技创新上下游联动的一体化创新和全产业链协同技术发展模式。

（四）大力发展"新能源＋储能"产业

储能是构建以新能源为主体的新型电力系统、促进能源绿色低碳转型、实现"碳达峰、碳中和"目标、保障我国能源安全的重要装备基础和关键支撑技术。无论是集中式新能源规模化集约化开发,还是分布式新能源就近消纳,都离不开储能技术的支持。大力发展储能产业,是我国新能源装机规模快速扩张的必然要求。尽管"十三五"以来,我国新型储能(除抽水蓄能外的新型电储能技术)发展取得重要进展,基本实现了由研发示范向商业化初期过渡,但同时存在缺乏国家层面宏观规划引导、备案和并网管理流程不明确不规范、缺乏长期性稳定性激励、建设和调度运行不衔接不协调、现有标准体系不健全等问题。有必要推进电源侧储能项目建设,健全"新能源＋储能"项目激励机制;积极推动电网侧储能合理化布局,建立电网侧独立储能电站容量电价机制；积极支持用户侧储能多元化发展，完善峰谷电价政策，为用户侧储能发展创造更大空间。这就要求我们要进一步统筹引导发展规模和布局，充分发挥储能提升能源电力系统调节能力、综合效率和安全保障能力的作用，避免无序建设和利用不足问题；强化技术创新，攻克短板技术，并以技术进步推动成本下降和规模化发展，提升本体安全性和可靠性；同时，完善政策配套和市场环境，充分体现储能的系统价值，通过市场机制实现盈利，培育成熟的商业模式。

（五）推进源网荷储一体化和多能互补，促进区域能源协调发展

大力推进源网荷储一体化和多能互补发展，加强源网荷储协同互动，建立健全源网荷储协同互动技术标准规范、建设互动调控平台，提高现有跨区能源输送通道的利用率，加大新建通道外送新能源比重。构建区域能源协调发展新机制，助力区域发展战略落地实施，推动形成能源和经济社会、生态文明协调发展新格局，将综合能源规划作为区域层面能源体系转型，实现综合能源发展，助力"碳达峰、碳中和"的系统性制度安排。综合能源规划是基于终端需求和节能减排目标的各种形式能源系统的集合和整合，其目标在于优化区域的资源能源配置，实现能源清洁、高效、可靠的阶梯利用，以提高资源、能源、空间的利用效率，避免能源资源错置，降低能源系统投资成本，提高能效，降低运营成本[1]。在需求侧，需要考虑城市建筑、交通、工业等方面总体能源需求；通过一体化的协同设计提升能源体系总体效率，优化转换与传输关系，加大余废资源的有效利用，配置高效的能源系统，提升单位 GDP 能源利用率。在供给侧，需要注重煤电等化石能源与风电、光伏发电等可再生能源的互补；逐步建立起以煤、油、气、核、新能源、可再生能源多轮驱动的能源供应体系；推动能源系统向绿色化、清洁化、低碳化方向转型。

四、 传统化石能源的变革

为了实现"碳达峰、碳中和"目标，在"能源双控"政策背景下，能源技术革命以及能源结构的重塑正在加速演进，传统化石能源行业正在迎来前所未有的变革。

---

〔1〕 李婷、郝一涵、王蒙等：《城市落实"2060 碳中和"国家战略的创新路径：以零碳为目标的综合能源规划》，落基山研究所，2020 年。

（一）煤炭、煤电

作为我国当前能源供给的主要部分，煤炭在短期的需求刚性及核心地位仍然无法被动摇。但从长期来看，随着清洁能源开采技术、新能源技术以及核能技术的发展，煤炭在我国能源体系的地位必然会得到根本性的改变。2015年起，随着供给侧结构性改革的不断深入，化解过剩产能、淘汰落后产能、建设先进产能，全国煤炭供给质量不断提高。全国累计煤矿数量从2015年的1.08万处减少到2020年底的4 700处左右。同时，煤炭行业集中度大幅提升。目前，6家亿吨级以上企业煤炭产量16.8亿吨，占全国的43%。[1]为了实现"碳达峰、碳中和"目标，传统煤炭行业必须不断提升煤炭清洁开采和利用水平，推广煤炭清洁开采技术，大力推进煤炭清洁高效转化利用，积极探索煤炭原料化和材料化的低碳发展路径。

"碳达峰、碳中和"目标下的绿色能源体系建设要求电力部门深度脱碳，建设以新能源为主的新型电力系统，要求电力部门持续降低燃煤发电的占比，实现向新能源主导的电力系统的跨越式转变，对于煤电行业影响巨大。一方面，加速非化石能源替代，亟需淘汰老旧落后和低效燃煤电厂，但我国煤电机组的平均年龄小，短期内转型压力大。2020年全国煤电机组平均年龄大约为12年，现役煤电机组平均年龄仅为是全球平均运行年龄的一半。这意味着中国现存煤电厂未来的持续运行年限较长。因此，针对基本到运行年限的机组可停机备用做应急电源使用，针对还未淘汰的燃煤发电，在运行年限内的煤电机组可增加碳捕获与碳封存（CCS）作为调节电源。另一方面，需要调整煤电定位，推动煤电由基荷电源向调节电源转变。但我国煤电装机占比高、发电量稳定，2020年，我国燃煤发电装机占全国总装机的49%，发电量占比为61%。[2]在电气化率不断提升的近中期来看，煤电仍然是保障电力稳定的主体电源，且煤电的灵活调节可以起到消纳可再生能源的重要作用，在国家能源的能源供应与安全中，煤电应该发挥兜底保障作用。

此外，针对除电力外的煤炭需求端，包括冶金、建材、化工等行业，建议通过技术改造实现能源消费结构从高耗煤高耗电向消耗氢能、电能、天然气和生物质能等清洁能源方向转型，降低高碳能源的消耗。无法替代的煤炭能源需求，通过二

---

〔1〕　王璐、栾松巍：《兼并重组提速"十四五"将组建10家亿吨级煤企》，http://www.xinhuanet.com/money/2021-03/04/c_1211050121.htm；《煤企50强、煤炭产量千万吨级以上企业名单》，https://cj.sina.com.cn/articles/view/7517400647/1c0126e47059019em9。

〔2〕　电力规划设计总院：《中国能源发展报告2020》，人民日报出版社2021年版。

氧化碳捕获、以及加强碳交易如购买碳汇，逐步实现碳达峰与碳中和目标。

（二）石油、石化

石油化工行业是碳排放的重要来源之一，在减碳、碳中和中扮演至关重要的角色。在石油化工生产中的碳排放，85%是能源活动造成的，另有约15%是工艺过程产生的[1]。为尽早实现"碳达峰、碳中和"目标，石油和化工行业同样需要作出重要变革。在碳中和进程中，石油和化学工业将面临成本、技术、工艺、管理、替代能源竞争等诸多挑战。

针对石油、石化行业自身的转型发展，应加快推进能源结构清洁低碳化，高质量发展低碳天然气产业，加速布局氢能、风能、太阳能、地热、生物质能等新能源、可再生能源，实现从传统油气能源向洁净综合能源的融合发展。同时，大力提高能效，加强全过程的节能管理，淘汰落后产能，大幅降低资源能源消耗强度，全面提高综合利用效率，有效控制化石能源的消耗总量。在利用化石燃料作为原料使用的工艺过程中，应在提升高端石化产品供给水平的同时，积极开发优质耐用可循环的绿色石化产品，开展生态产品设计，提高低碳化原料比例，减少产品全生命周期碳足迹，带动上下游产业链碳减排。[2]针对交通领域的汽油、柴油等燃料消费，应进一步推动新能源汽车技术进步，使得社会大众对电动交通工具的接受度快速增加。绿色发展理念将推动交通领域的能源消费结构做出转变，以倒逼石油石化行业的转型升级，从根本上减少化石燃料的使用。

由于石油、石化的产业链较长，产业链的各个环节都面临通过技术创新推动碳减排、实现低碳发展的目标任务。因此，迫切需要低碳、零碳、负碳技术及装备。可以考虑在整个行业生产过程中开发以二氧化碳为原料生产化工产品的技术路线，或利用捕集的二氧化碳驱油、予以封存；采用制氢技术、生物质化学品技术、废弃化学品循环利用技术以及先进节能技术以实现减排低碳发展。

---

[1] 崔煜晨：《石化企业为了碳中和在做啥？积极构建绿色低碳能源体系，提前参与碳交易》，https://www.cenews.com.cn/newpos/sh/pw/202108/t20210826_980751.html。

[2] 丁青松：《"中国石油和化学工业碳达峰与碳中和宣言"发布——践行绿色发展　拥抱低碳时代》，http://www.cdmfund.org/28235.html。

五、 非化石能源的机遇与挑战

（一） 可再生能源

可再生能源主要包括太阳能、风能、水能、地热能、海洋能、生物质能等。相对于传统能源，可再生能源普遍具有污染少、储量大的特点。我国可再生能源发电起步较晚，但却发展迅猛。国家能源局的数据显示，截至 2020 年底，我国可再生能源发电装机总规模达到 9.3 亿千瓦，占总装机的 42.4%。其中水电 3.7 亿千瓦、风电 2.8 亿千瓦、光伏发电 2.5 亿千瓦、生物质发电 2 952 万千瓦，均居世界首位。[1]

1. 光伏

经历 20 年的发展，我国光伏产业已经实现了光伏制造业产量、装机量和发电量三个世界第一的卓越成就。近些年光伏产业技术进步飞快，单晶硅片以及组件的成本不断下降。同时，光伏设备没有转动部件，运行维护简单，大规模应用后，运营维护成本也较低。光伏发电目前在全球绝大多数国家和地区成为最便宜的电力能源。在未来，"光伏＋储能"会解决光伏电力不稳定的难题，减少对电网的冲击。值得注意的是，传统光伏系统的建设需要长时间占用大量的土地资源，面对我国人口密度大、人均土地面积少的基本国情，地面光伏电站的发展受到了限制。尤其是我国中、东部人口密度大、土地资源匮乏的特点，大型地面光伏电站建设很难有较大的发展。充分利用城镇和农村建筑屋顶发展分布式光伏，具有极大的产能优势。与此同时，中东部地区水系分布相对发达，可以充分利用湿地滩涂等上层空间进行发电，地面滩涂用于水产养殖，这类渔光互补的创新形式，极大地提高了海岸滩涂的开发和利用价值，同时与当地海岛乡村旅游发展规划紧密结合，生态效益、社会效益、经济效益显著。

> **专栏 5-1**
>
> ## 光伏产业与生态修复产业的融合发展
>
> 内蒙古自治区达拉特旗光伏发电应用领跑基地一期 500 兆瓦项目，把发展光伏产业与沙漠有机农业、沙漠风情旅游和乡村振兴有机结合起来，最大程度

---

[1] 杜刚、杨迪等：《锚定"双碳"目标　可再生能源能否挑起大梁？》，载《经济参考报》2021 年 7 月 19 日，第 7 版。

地放大基地的生态效益、经济效益和社会效益。这一项目采取"板上发电、板间养殖、板下种草（药）"的方式，实现土地的综合利用。

该项目在清洁能源开发利用方面，发电量达到 8.1 亿千瓦时，实现产值 2.8 亿元，平均电价为 0.35 元/千瓦时，通过"林光互补"生态修复工程，将经济林养护项目承包给当地农牧民，同时通过沙漠旅游、光伏板保洁、物业服务等可吸纳就业 1 200 人，人均增收 4 200 元。

图 5-7　内蒙古自治区达拉特旗光伏发电

2021 年 6 月 29 日下午，全国最大的海岸滩涂渔光互补光伏项目——宁波象山长大涂滩涂光伏项目成功并网发电。该项目总装机容量 300 兆瓦，预计平均年发电量 3.4 亿千瓦时。

图 5-8　宁波象山长大涂滩涂光伏项目

资料来源：国家能源局。

2. 风电

我国风电累计装机容量持续稳定增长超过十年,截至 2019 年 12 月 31 日已达到 23 640.2 万千瓦,与 2012 年相比同比增长 213.85%。[1]受陆上风电补贴退坡的影响,2020 年迎来一波"抢装潮",全年新增装机 7 238 万千瓦,同比增长34.6%,装机总规模增值 28 153 万千瓦。[2]随着风机技术的进步和特高压输电工程的发展,陆上风电仍拥有广阔的发展空间。但相较之下,未来海上风电发展的优势更为明显。一方面,海上风电不占陆上资源;另一方面,在同样的地理位置,海上风机有效发电小时数比陆上风机高出 20% 至 70%。[3]另外,海上风电、海上工程和海上装备的成本预计在未来几年将明显下降,因此在"碳达峰、碳中和"目标的约束下,长期来看,海上风电发展潜力巨大,将迎来高速发展的阶段。如今,风光发电已能平价上网,在政策鼓励下,风储、光储也将逐渐实现平价。然而,电网的灵活性不足会在一定程度上制约风光的发展,面临巨大的电源缺口。

专栏 5-2

海上风电制氢

通过电解及合成将可再生能源转化为液体或气态的化学能源,并通过一部分现成的天然气管网输送,省去外送电缆的投资,成为未来继续大幅降低海上风电成本的最有潜力的选项。实现电力储存,是减少弃风并提高能源使用效率的最优方案之一,成为供热、交通、工业用能等领域实现碳减排的途径。国际上目前已经存在多个海上风电制氢示范项目,如丹麦的"能源岛"计划就是将海上风电与 Power to X 技术结合;新加坡"一站式"海上平台 Energy-Plus;荷兰石油巨头壳牌 NortH2 项目等。

资料来源:海洋开发咨询平台。

---

3. 水电

水电因其开发规模最大、技术最成熟、经济性最强的优势,现已成为我国当前

---

[1] 资料来源:《世界能源统计年鉴 2020》。

[2] 电力规划设计总院:《中国能源发展报告 2020》,人民日报出版社 2021 年版。

[3] 国家能源局:《我国海上风电装机规模全球第三》,http://www.nea.gov.cn/2018-06/21/c_137270814.htm。

最重要的清洁能源种类。我国不仅是水电大国,同时水电装备国产化水平很高,也是水电装备大国。因地制宜开发水电是未来的发展趋势,在十四五规划和 2035 远景目标的建议中,明确提出了"实施雅鲁藏布江下游水电开发"。如果以燃烧煤炭的火力发电为参考计算减排效益,每节约 1 度电,就相应节约了 0.4 千克标准煤,同时减少污染排放 0.272 千克碳粉尘、0.997 千克二氧化碳、0.03 千克二氧化硫、0.015 千克氮氧化物。按照这个标准技术,2020 年,水电发电量累计为 13 218 亿千瓦时,减排二氧化碳 13.2 亿吨;仅三峡电站 2020 年发电量就达 1 118 亿千瓦时,可减排二氧化碳 1.1 亿吨。[1] 由此可见,水力发电的减排效益十分显著。在实现"碳达峰、碳中和"目标的过程中,水电将发挥着重要作用。然而受气候变化的影响,水资源的可用性同样对水电的持续稳定性开发造成影响。

(二) 核能

核能在"碳达峰、碳中和"目标下的应用前景同样广阔,发展核电能够有效降低对化石能源的需求,提高能源自给率。2020 年核电装机容量已达 5 102.7 万千瓦,居全球前三位。发电量为 3 662.4 亿千瓦时,发电量占比仅为 4.9%。国内外相关研究预测,中国要实现 2060 年达到碳中和的目标,核电装机容量需要增加 6—10 倍。从长远看,核电燃料成本低,具有稳定、清洁、经济的电源优势,以更好地实现可持续发展。从技术上讲,核电具有一定的调峰能力。我国由于天然气、石油资源缺乏,水电机组调节能力较差,抽水蓄能电站厂址资源有限,随着未来风光等可再生能源比例持续上升,如果储能技术在规模化与经济性方面不能取得突破性进展,系统调峰能力将面临巨大的压力。因而,核电具有选择低价满发或参与调峰的主动权,与风、光等不具备调节能力的清洁能源相比,具有更强的市场生存能力。我国政府对核电站建设一直持保守态度,核电的安全问题成为制约核电的重要因素。由于核废水排放处理以及冷却水源的因素,厂址资源会对各省核电规模造成一定限制。同时,尽管核燃料受铀矿产能不足的制约,但由于铀价占电价的比例低,海水提铀将承担兜底作用,因此铀资源对核电发展的影响有限。

---

[1] 张建云、金君良、周天涛:《实现中国双碳目标 水利行业可以做什么》,https://www.yicode.org.cn/shi-xian-zhong-guo-shuang-tan-mu-biao-shui-li-xing-ye-ke-yi-zuo-shen-me/。

（三）生物质能

生物质能用途广泛，主要可用于生物质发电、生物制天然气、生物质燃油等，在实现"碳达峰、碳中和"目标背景下，生物质发电将成为新能源电源发展的有益补充。

1. 生物质发电

生物质发电是可再生能源发电的重要组成部分，主要包括农林生物质、沼气发电、垃圾焚烧等形式和技术。我国的生物质发电以直燃发电为主，技术起步较晚但发展非常迅速。截至 2020 年底，全国生物质发电累计装机达到 2 952 万千瓦，同比增长 22.6%，生物质发电量 1 326 亿千瓦时，同比增长 19.4%。[1]生物质发电可以提供灵活、可调节、低成本的优质绿电和绿热。

2. 生物天然气

生物天然气行业的发展对我国意义重大，不仅能增加天然气供应，增强能源安全保障水平，还具有规模化处理有机废弃物、保护生态环境、助力生态循环农业等多方面的优势。2020 年 12 月，我国出台了《关于促进生物天然气产业化发展的指导意见》，该意见作为生物天然气产业发展的"根本大法"，将成为今后一段时间指导我国生物天然气产业发展的纲领性文件，对该产业的起步和有序发展起到积极的推动和促进作用。

3. 生物质燃油

生物质燃油的潜力也不可忽视，生物质燃油可替代柴油、重油、天然气，直接用于工业锅炉燃烧和各类工业窑炉直接燃烧；经再加工后可替代汽油、柴油，用于汽车、轮船等交通领域。尽管目前生物燃油的成本略高于化石燃油，但随着未来的技术革新，成本下降仍有较大空间。

不可否认，生物质能需要大量空间，生物质的来源比如树木、农作物、植物和牲畜都需要消耗大量的空间。另外，尽管生物质能源的使用被认为是碳中和的，但仍然会产生除二氧化碳外的其他有害温室气体，比如甲烷。

（四）氢能

氢能作为二次能源，在发电、化工、燃料电池、军事、医学等领域具有十分广阔

---

〔1〕　电力规划设计总院：《中国能源发展报告 2020》，人民日报出版社 2021 年版。

的应用前景。但氢能需要其他能源转化得到，在其生产应避免依靠化石燃料的制备过程，而加快推进利用可再生能源的"绿氢"制备。我国作为世界氢能生产第一大国，发展氢能产业具有多重优势。在能源转型的浪潮下，我国于 2019 年将氢能首次写入《政府工作报告》；并且，国务院于 2020 年 12 月 21 日发布了《新时代的中国能源发展》白皮书，明确提出"应加速发展绿氢制取、储运和应用等氢能产业链技术装备，促进氢能燃料电池技术链、氢燃料电池汽车产业链发展"。氢能源将会迎来前所未有的机遇，有望成为重要的能源利用方式用于交通、化工和炼钢等。在我国提出"碳达峰、碳中和"目标的愿景下，充分重视氢能的战略价值，通过加快发展氢能产业保障我国能源供应安全、推动能源供给侧结构性改革、打通氢能制运储用全产业链、带动上下游产业技术和市场发展，具有重要而紧迫的现实意义。然而氢能同样有一定的挑战，由于氢能的密度较低，其在存储以及运输环节较为困难，固态材料和有机液态储运等方面的技术仍有待突破。因此，目前氢能适用的场合有限，仅可作为电能的备选方案。但氢能可以形成长时间甚至季节的储能方式，成为重要的应用场景。

（五）储能

为确保电网安全运行和电网可靠供应，需要同时发展储能等措施提高系统的灵活调节能力。随着能源电力行业的逐步完善，多地出台相关政策支持"新能源＋储能"模式的发展。可见储能政策逐步清晰将使其市场格局朝着更规范的方向发展。我国目前发展的储能方式主要包括抽水蓄能、电化学储能、热储能以及电—机械储能等多种方式。

1. 抽水蓄能

抽水蓄能是当前时期最安全成熟的储能方式。抽水蓄能作为电力系统中稀缺的调节资源，可以有效促进新能源的消纳，降低系统总能耗，具有显著的环境效益和节能减排效应。"十三五"期间，我国抽水蓄能电站平均利用小时约 2 746 小时，较"十二五"期间增长 95.7%，国家电网公司经营区新能源利用率从 83.7% 提高到 97.1%，抽水蓄能在其中发挥了重要作用。截至 2020 年底，我国新能源装机已达 5.3 亿千瓦，在全球新能源装机总量中的占比已超过三分之一，位居世界第一。但我国抽水蓄能占电源总装机比重仅为 1.4%，低于部分发达国家水平，大力发展抽水蓄能势在必行。[1]2021年9月9日，国家能源局印发《抽水蓄能中长期发展规划（2021—2035年）》，要按照"区域协调、合理布局，成熟先行、超前储备，因地制宜、创新发展"的基本原则，将抽水储能总装机规模提升至约7亿千瓦时。当然，在发展抽水蓄能的过程中也同样面临较大挑战。除建设选址存在较大的地理限制外，作为系统服务的储能系统，抽水蓄能建造成本较高，相应的抽水电价需同时考虑建造成本与储能成本，是低风险低收益的项目。如何平衡鼓励抽水蓄能的发展政策与合理收益间的关系，即满足需求甚至合理适度富余但又不过度建设是未来面临的挑战。

2. 电化学储能

电化学储能是指以锂电池为代表的各类二次电池储能。相比于抽水蓄能，电化学储能对受地形等外界因素影响较小，可以灵活运用于发电侧、输配电侧和用电侧。电化学储能技术虽然在储能技术和经济性上取得一定突破，但近几年来由于抽放电次数受限和爆炸事件频发的安全隐患使得市场对其也顾虑重重。

3. 其他储能

随着清洁能源的发展，以飞轮储能为代表的机械储能技术将助力我国建设清洁低碳、安全高效的能源体系。其具有使用安全、全生命周期无污染、残值高、工作温度范围宽、20年超长使用寿命等绿色环保的特点，被广泛关注和逐步使用。飞轮储能将有效填补并支持了现有储能技术的应用场景空白和技术缺憾。

---

[1]《中国电力报》：《"十四五"投资抽蓄1 000亿元！国网发布构建新型电力系统六项重要举措》，http://news.bjx.com.cn/html/20210319/1142882.shtml。

第六章

生产方式转型

　　不可持续的生产和消费是导致气候变化、生物多样性丧失和环境污染等生态危机的根源。面对"碳达峰、碳中和"这一场广泛而深刻的经济社会系统性变革，实现人与自然的和解势必需要生产和生活方式的巨大改变。从生产侧和消费侧同时发力，构建高能效循环利用体系是实现"碳达峰、碳中和"目标的关键路径之一。为此，本章聚焦于生产方式的转型，围绕与碳排放密切相关的工业减排、绿色交通、绿色建筑与可持续农业四大领域，从能源结构转型与高效利用、产业结构调整与循环发展、智慧监管与市场调控等角度切入，论述上述领域可能的减排路径与治理方案，并设置特色专栏，对新型发展理念、关键技术与应用场景进行着重介绍，帮助读者了解生产方式转型给不同行业带来的机遇和挑战，有助于管理部门掌握不同行业"碳达峰、碳中和"行动方案的重点和难点。

一、 工业减排

　　据国际能源署（International Energy Agency，IEA）发布的《世界能源展望2019》预测，直至 2040 年中国仍将是世界最大能源消费国。其中，工业能耗约占全社会能耗的 60%。作为高能耗主阵地，工业减排志在必行。

（一）推动产业结构升级，发掘节能减排潜力

　　回顾我国的能源革命历程，虽"十一五"规划起便明确了节能减排的发展理念，并取得了显著成效，但目前，我国产业结构不平衡，高能耗产业所占比重过高

的问题仍然比较突出，实现"碳达峰、碳中和"目标首要的就是调整和优化产业结构。为此，必须落实供给侧结构性改革，淘汰低效产能，落实好产能置换，严控新增产能。加强清洁生产水平，优化燃料和能源结构，调整工艺流程结构，淘汰落后工艺和设备。构建循环经济产业链，遵循"减量化、再利用、资源化"的原则，着力打造全产业链闭环产业体系、生产体系和经营体系，减少生产过程中资源消耗，推进资源循环回收利用。以高耗能水泥行业为例，优化可从"源头、过程、末端治理及开发新型水泥"等方面实现。源头治理主要是提高原燃料的替代率，减少煤炭及石灰石的使用量；过程治理主要是加快技术研究，改变反应条件，如采用新能源煅烧熟料等；末端治理主要是开发 CCS 技术，对二氧化碳进行捕集与封存。此外，开发新型水泥、减少熟料配比也是当下的趋势之一。减少熟料配比，意味着从燃料消耗和过程分解方面均可以大幅度减少二氧化碳的排放。

（二）　加快能源消费结构转型，提升能源智能高效利用水平

经过长期的节能优化与可再生能源开发，我国的能源结构已发生了重大改变。据我国统计年鉴数据显示，2019 年我国能源消费总量为 48.7 亿吨标煤，煤炭消费占比已由 2005 年的 67% 降低到 2019 年的 57.7%，下降了 9.3%。可再生能源占一次能源消费比重达 13.1%。能源结构转型将爆发巨大的减排潜力，应大力推广清洁能源供应模式，增加清洁能源发电的比例并促进清洁能源在工业领域的直接使用。清洁能源大规模开发利用也将推动电力部门碳强度快速下降。2050年清洁能源利用规模将扩大 2 倍，达到 98 亿吨标煤，其中四分之三用于能源供应侧清洁发电，电力部门碳排放将由 2015 年的每千瓦时 554 克二氧化碳降至每千瓦时 25 克二氧化碳，降幅超过 95%。发展电能替代驱动模式，电能作为能源供应和消费主题，是能源结构向低碳化、绿色化转型的必然趋势。[1]根据《中国可再生能源展望 2018》，切实将全球升温幅度控制在工业前水平的 2℃ 以内，终端部门电气化率需由 2017 年的 24% 提升至 2050 年的 53%。工业部门的电能替代可显著减少煤炭、石油等化石能源使用，从而有效降低碳排放水平。探索能效提升驱动模式，以更少的能源消费满足同等服务需求，主要指工业部门用能设备技术改进、

---

[1]　张士宁、马志远、杨方等：《全球可再生能源发电减排技术及投资减排成效评估分析》，载《全球能源互联网》2020 年第 4 期，第 328—338 页。

能源供应技术进步、能源系统数字化发展，通过节能促进工业部门碳减排。2017年全国工业增加值能耗下降 4.6%，[1]2018 年下降 5.8%，[2]未来工业节能空间呈持续压缩趋势，进一步释放工业能效提升的节能潜力，需精准发力。

（三）建立智慧化管理平台，激发企业节能减碳活力

实现碳中和，节能是重要发力点，管理节能和技术节能是重要抓手。2017 年 9 月，国家发改委印发《重点用能单位能耗在线监测系统推广建设工作方案》，要求加快重点用能单位能耗在线检测系统建设。目前，智慧化能源管理已成为有效降低企业能源浪费，节约企业的运行成本，减少二氧化碳排放的有力举措之一。基于自主可控的产业人工智能平台，利用物联网、大数据、人工智能、数字孪生等技术，结合能源领域资深专家的行业经验，打造集 AI 能效优化、智慧微网、设备设施管理、智慧环境管理、智慧能源管理于一身的智慧能效解决方案，以"智慧化"和"精细化"优势，在降低人工计量成本的同时，切实提高能源系统运行诊断效率，提高快速决策能力，为建设节能低碳、绿色生态、集约高效的用能体系保驾护航。[3]

智慧化管理平台的推广与应用还将有效推动企业参与碳排放权交易市场，运用信息技术完善企业碳排放统计与管控，支撑企业制定温室气体排放达峰时间表和路线图，促进低碳技术研发推广以及示范区工程建设等工作，推动气候变化的应对路径、技术创新以及统计制度的建立与实施。

二、绿色交通

发展绿色交通已成为践行绿色发展理念和加强生态文明建设的战略举措。2017 年交通运输部印发《关于全面深入推进绿色交通发展的意见》（以下简称《意见》），明确了绿色交通的总体要求和发展目标，并提出了全面实施运输结构优化、组织创新、绿色出行、资源集约、装备升级、污染防治、生态保护等七项重大工程，

---

〔1〕 李抒苠、陈济：《中国工业领域深度碳减排趋势分析与展望》，http://www.chinapower.com.cn/in-formationzxbg/20190313/1269211.html。

〔2〕 文雯、刘晓星：《中国工业和信息化部部长苗圩：2018 年，中国单位工业增加值能耗比 2013 年初下降 30.12%》，https://www.cenews.com.cn/subject/2019/brf/201904/t20190425_897921.html。

〔3〕 智慧能源企业：《综合能源智慧管理平台，让企业用能管理省时、省力、省心！》，https://www.sohu.com/a/365197413_100235786。

加快构建绿色发展制度标准、科技创新和监督管理等三大制度体系,以应对现存交通运输发展问题。2021 年 6 月 5 日,生态环境部宣传教育中心联合滴滴发展研究院等发布的《数字出行助力碳中和——践行绿色交通　引领低碳出行研究报告》(以下简称《报告》)中指出,交通行业二氧化碳排放量占全国总碳排放量约 10%,其中道路交通在交通全行业碳排放中的占比约 80%,且仍处于快速发展阶段,以道路交通为主的交通行业绿色化转型势在必行。

(一) 构建多元化能源结构,助力交通能源系统清洁低碳发展

纵观交通运输行业,清洁能源仍是治本之法。据中金研报预测,[1]交通运输行业将在 2030 年实现碳达峰,峰值约 13.3 亿吨,2060 年难以实现碳中和,碳排放预计约 2.6 亿吨。运输工具的碳排放量在交通能源消费和二氧化碳排放中的占比较高。一方面,大力发展新能源和清洁能源车辆,加强新能源工程设备的研发,构筑多元化能源结构,推动交通运输的"零排放"。另一方面,加快调整运输结构,提高运输组织效率。未来,将继续发挥铁路、水运在大宗物资远距离运输中的骨干作用,提高铁路集疏港比例,逐步减少重载柴油货车在大宗散货长距离运输中的比重。为此,加强货运铁路建设、优化经济产业布局、减少不合理的运输需求等措施需进一步匹配。[2]

(二) 推动运输技术进步,发挥技术减排优势

构建安全、便捷、高效、绿色的交通运输体系还需要以技术绿色化创新为支撑,主要体现在以下几个方面:[3]新能源引入推动高质量发展战略落地。推广应用新能源和清洁能源,完善新能源车辆供电、加气等配套设施,提高交通运输装备生产效率和整体能效水平。先进运输技术发展促进交通资源集约利用。发展多式联运、甩挂运输等高效的运输组织方式,提升运输效率,减少能源消耗。提高交通基础设施用地效率,严格控制互通立交规模,减少对土地的分隔和侵占。先进

---

〔1〕 中金点睛:《碳中和之绿色交通:新能源风劲潮涌,碳中和任重道远》,http://finance.sina.com.cn/stock/stockzmt/2021-03-23/doc-ikkntiam6657848.shtml。

〔2〕 凤振华、王雪成等:《低碳视角下绿色交通发展路径与政策研究》,载《交通运输研究》2019 年第 4 期,第 37—45 页。

〔3〕 包璐:《城市新区绿色交通实现路径研究——以南通市中央创新区为例》,载《城市道桥与防洪》2020 年第 3 期,第 22—25 页。

节能环保技术强化污染源头管控。积极倡导推广绿色施工、生态驾驶、节能操作、绿色驾培、绿色汽车维修等，降低交通运输行业污染强度。

（三）发展数字化运输系统，优化交通运输模式

优化交通运输系统，一方面，依托大数据、移动互联网、云计算、人工智能等先进技术，积极构建一体化交通体系，强调各交通方式的衔接和交融，推进综合交通枢纽的开发，提升运输效率；另一方面，需要强调数字化技术对公众参与的"互联网＋交通"系统的积极作用。《报告》指出，数字出行助力"碳中和"的实施路径可概括为"1＋3"模式（见图6-1），其中，"1"是指以"共享出行"理念引领低碳出行方式，为用户提供共享单车、拼车、电动汽车等绿色出行服务，"3"是指以"反向定制"升级绿色交通体系，以"共建共享"普及绿色基础设施，以"科技赋能"搭建绿色交通体系。数字化交通运输极大地优化了公众环保、绿色、便捷的出行方式和出行体验，在促进公众或者从业者快速高效量化碳减排的同时，激发了基于数据和技术优势，带动上下游产业链的低碳绿色转型的动力源，例如推动政府建设充电桩、助力城市绿色综合立体交通体系网搭建等等。[1]相较于直观可见的减排效益，这些助力对行业的可持续发展和绿色革新的积极影响更为深远。

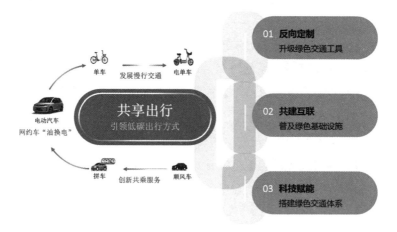

资料来源：《数字出行助力碳中和——践行绿色交通 引领低碳出行》研究报告，2021年。

图6-1 数字出行助力碳中和的"1＋3"模式

---

〔1〕 中国新闻网：《报告聚焦数字出行助力碳中和："科技赋能"搭建绿色交通体系》，https://www.sohu.com/a/470635664_123753。

专栏 6-1

共享出行构筑交通运输发展新业态

共享出行作为交通运输新业态,是绿色低碳理念的倡议者和先行者。据统计,2018 年 1 月至 2021 年 3 月,滴滴平台依托发展共享单车/电单车、拼车、顺风车等业务推动网约车向电动化转型,已实现二氧化碳减排 501.5 万吨,平台年均减碳量 154 万吨,约相当于 21.7 万人口一年的碳排放量。

伴随交通电气化转型,共享出行已经成为电动汽车的关键阵地。截至 2020 年底,仅滴滴平台累计注册纯电动汽车就接近 120 万辆,占全国纯电动汽车保有量的 30%。汽车电动化对数字出行的减排贡献显著,2018 年以来共计减碳 239.8 万吨,全平台占比 47.8%。

此外,非机动车辆也成为助力交通部门碳减排的另外一种重要方式。[1] 2018 年以来,单车和共享单车业务共实现减碳 74.8 万吨,全平台贡献率 15%。未来非机动车共享出行将同公共交通融合发展,加速形成"地铁＋公交＋共享两轮出行"的立体化公共交通体系,优化城市出行结构。

三、绿色建筑

建筑领域在城市低碳和可持续发展中发挥着重要的作用。在中国,建筑的采暖、空调、照明等消耗了全国近四分之一的能源,而且这一比重还在不断增长。中国既是全球最大的新建建筑市场,也是最大的存量建筑市场,当前的存量建筑面积已接近北美和西欧的总和,其中有超过三分之二的建筑为非节能建筑,具有巨大的减排潜力。

(一) 发掘改造潜力,让存量建筑更节能

建筑领域实现"碳达峰、碳中和"目标的路径清晰,总体上可以概括为"一个

---

[1] 哈啰出行研究院:《哈啰出行关于共享出行行业助力碳中和的倡议书》,https://mp.weixin.qq.com/s/HdHmgM54l3x9h52MNZg2jg。

节能和两个替代"[1]。"一个节能"是指继续深入推进以控制能耗总量和用能强度为主的传统建筑节能工作。"两个替代"是指能源生产端实施清洁替代，能源使用侧实施电能替代。目前，我国近一半的建筑排放来自建筑每年消耗 1.89 万亿千瓦时的电力相关的间接排放。[2]随着电气化步伐的加快，更多建筑用化石能源将被电力替代，未来电力间接排放在建筑总排放中的比重将不断提高。然而，在被动等待电力行业零碳化的同时，建筑行业更可主动作为，对待存量建筑，积极识别节能潜力，加快节能改造速度。

（二）气候适应性设计，让增量建筑更低碳

发挥自身产能优势，增强气候适应能力。未来电力间接排放在建筑总排放中的比重不断提高，将造成建筑对于电力供应的强烈依赖。因此，增量建筑可充分利用建筑屋顶和周边设施发展分布式光伏发电，缩短能源供应距离，对建筑周边资源能用尽用、充分挖掘，降低成本，提升环境效益。据测算，在城镇建筑屋顶安装太阳能光伏，可实现装机 8 亿千瓦，农村建筑以单层和多层为主，更是发展光伏发电的理想场景，在充分利用的情形下，可实现装机 20 亿千瓦，两项合计，相当于当前太阳能总装机规模的 11 倍，具有极大的产能优势。此外，在极端天气不断增多的当下和未来，无论是单栋建筑还是连片建筑群，通过数字化和智能网联，在自己发电的同时能够有效控制和平衡自身负荷，在助力建筑领域实现"碳达峰、碳中和"目标的同时，极大地提高建筑自身应对气候的韧性。[3]

（三）全生命周期管理，让建材产业链更绿色

据中国建筑节能协会发布的《中国建筑能耗研究报告 2020》数据统计显示，2018 年建筑行业全过程碳排放（包含建筑材料的制造、运输、施工及建筑运行阶段的排放）总量为 49.3 亿吨二氧化碳，占全国排放近一半（见图 6-2），其中建筑材料碳排放和建筑运营排放占比最高，分别达到建筑全生命周期的 55.2% 和 42.6%，

---

〔1〕 潘支明：《建筑领域如何助推"双碳"目标的实现？》，http://www.nrdc.cn/news/newsinfo? id = 772&cid = 48&cook = 2。

〔2〕 清华大学建筑节能研究中心：《中国建筑节能年度发展研究报告 2021》，中国建筑工业出版社 2021 年版。

〔3〕 潘支明：《建筑领域如何助推"双碳"目标的实现？》，http://www.nrdc.cn/news/newsinfo? id = 772&cid = 48&cook = 2。

如何设计、建设、管理低能耗、低排放的建材产业链已成为当务之急。

以建材行业减排为例，可以坚持从动力、抓手和保障三个方面落实工作。具体而言，全面推进建材行业碳减排，加快推进产业结构调整是动力：切实推动并加快实现产业、产品、能源及资源结构的根本性转变。严格落实产业政策，坚决禁止新增"两高"产能，化解过剩产能，有序推进建筑材料行业绿色低碳转型发展。加强科技创新是抓手：聚焦绿色低碳技术、智能制造技术，对标世界先进水平，确定行业科技研发创新的重点和方向，布局和储备一批前沿碳减排技术，采用"揭榜挂帅""赛马"机制等多种有效途径和方式协同攻关。建立健全标准体系是保障：建立与建材行业碳达峰、碳中和相配套的标准质量体系，完善建材行业各产业碳排放核算方法、碳排放限值、监测方法、低碳改造技术指南等基础标准，[1]充分发挥标准质量与监督管理体系对建材行业碳达峰、碳中和工作的引领、先行作用。

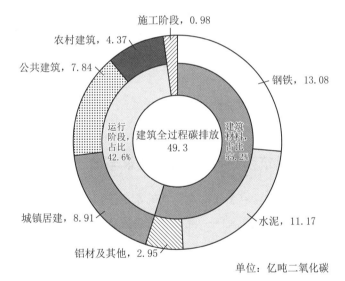

资料来源：据《中国建筑能耗研究报告2020》数据绘制。

图6-2　建筑全过程碳排放细分占比

（四）开发绿色建筑评价体系，为节能减碳保驾护航

绿色建筑评价体系是指从系统全寿命的角度出发，将绿色建筑设计所涉及的

---

〔1〕　陈国庆：《加强国际交流合作　携手推进建筑材料行业碳减排》，https://www.163.com/dy/article/GG9PM4DD0550OS9J.html？f＝post2020_dy_recommends。

经济问题整合到从建材生产、设计、施工、运行、资源利用、垃圾处理、拆除直至自然资源再循环的整个过程。

为切实发挥绿色建筑评价体系在推动建筑行业节能减排的积极作用，进一步开发和落实绿色建筑评价体系刻不容缓。首先，应充分重视投资效益在绿色建筑评价体系中的关键作用。做好绿色技术的经济评价分析工作，扫除节能技术或材料经济效益不清的难题。其次，应健全建筑全生命周期经济评价体系。秉持系统思维，进行综合分析和总体效益分析，摒弃片面、割裂的分析方式。此外，能源、环境等隐性成本和收益也应纳入评价范围体系，为政府、投资者等多元参与主体提供决策依据。最后，应积极推广落实绿色建筑评价体系。充分发挥绿色建筑评价体系的量化优势，建立以政策鼓励、法律规范为基础，以经济手段为主导的推广体系，使市场参与主体由被动执行转为主动参与。对于经过评估节能效果好、经济效益高的技术或产品，应加强推广力度，给予项目税收、资金补贴、信贷优惠等措施，并逐步引导市场自发推广。[1]随着大数据时代的到来，以 5G、人工智能、云计算等为代表的新一轮科技革命深入推进，也将为绿色建筑评价体系的发展提供重要支撑。

专栏 6-2

未来建筑引领者——零碳建筑与被动式建筑

你对未来的居住环境有怎样的期待？谈及这个问题，就不得不提起建筑行业里两个颇具锋芒的建筑新星——被动房与零碳建筑。[2]

"零碳建筑"是指在不消耗煤炭、石油、电力等能源的情况下，全年的能耗全部由场地产生的可再生能源提供，其主要特点是除了强调建筑维护结构被动式节能设计外，将建筑能源需求转移到太阳能、风能、浅层地热能、生物质能等可再生能源，为人类、建筑与环境和谐共生寻找到最佳的解决方案。当然，绝对"零能"建筑是没有的，此处的"零能"是相对使用污染性常规能源而言。世界上

---

〔1〕 郑振尧：《绿色建筑评价体系的问题与对策研究》，载《建筑经济》2021 年第 2 期，第 14—17 页。
〔2〕 潺淼屋被动房：《未来绿色建筑界，零碳建筑与被动房有什么区别》，https://www.sohu.com/a/411161637120784085。

第一个"零碳建筑"——英国伦敦"贝丁顿零化石能源发展社区"(图6-3),由世界著名低碳建筑设计师比尔·邓斯特(Bill Dunster)设计,利用太阳能、节能建筑等手段替代煤和石油等传统化石能源的使用,实现可持续居住的解决方案。

资料来源:潮森屋被动房:《未来绿色建筑界,零碳建筑与被动房有什么区别》,https://www.sohu.com/a/411161637_120784085。

图6-3 英国伦敦"贝丁顿零化石能源发展社区"

　　如果说"零碳建筑"将节能做到了极致,那么被动房则兼顾了舒适、经济、节能三方面。被动房是通过特殊的建筑设计,使建筑在冬季充分利用太阳辐射热取暖,尽量减少因围护结构及通风渗透而造成的热损失;夏季则尽量减少因太阳辐射、室内人员活动及设备散热造成的热量,依靠建筑物的遮挡功能,实现室内环境的通风舒适。[1]2010年上海世博会期间的"汉堡之家",是德国被动建筑在中国国内的第一次实践(图6-4),[2]其原型是德国汉堡港口成项目中获得节能环保金奖的"H2O"大楼。值得一提的是,整幢建筑物采暖能耗仅为普通建筑的5%,较一般同类建筑节能90%以上。由于体积紧凑,保温效果和气密性良好,汉堡之家能四季保持25℃左右的恒温。"汉堡之家"的灵魂是贯穿整个

---

〔1〕 崔国游、淡雅莉:《被动式建筑在我国发展的经济技术适应性》,载《工程管理学报》2017年第4期,第29—34页。

〔2〕 保温材料与节能技术:《回顾国内首个被动式建筑项目——上海世博会"汉堡之家"》,https://mp.weixin.qq.com/s/QmJVl4J9X-FWtwfal5YlvA。

建筑的三维立体的"愿望树",引入德国"创新和宜居"的生活理念,在结构形式、外墙构造、能源供给、通风采光等多方面均体现了节能性的建筑方式与智慧型的建筑技术的有效结合模式,为我国城市可持续发展和生态环保理念下的建筑设计提供了积极的启示意义。

资料来源:保温材料与节能技术:《回顾国内首个被动式建筑项目——上海世博会"汉堡之家"》,https://mp.weixin.qq.com/s/QmJVI4J9X-FWtwfaI5YIvA。

图6-4 "汉堡之家"外景

四、 可持续农业

农业作为重要的温室气体排放源,主要包含农事生产过程的能源消耗、农药化肥施用、农业生产直接温室气体排放等。2014年农业排放量为8.30亿吨二氧化碳当量,占全国排放总量的7%—8%;加之农业生产生活用能,农业农村温室气体排放量占全国排放总量的15%左右。[1]推进农业农村领域减排固碳,降低农

---

〔1〕 金书秦、林煜等:《以低碳带动农业绿色转型:中国农业碳排放特征及其减排路径》,载《改革》2021年第5期,第29—37页。

业农村生产生活温室气体排放强度,是全国碳达峰、碳中和的重要举措,也是潜力所在。[1]

农业生产与气候变化和温室气体排放密切相关,农业的全面脱碳需要一系列、全方位的深刻调整和变革,推动形成同环境资源承载力相匹配、生产生活生态相协调的农业发展格局。"可持续农业"给出了答案,通过采取某种合理使用和维护自然资源的方式,实行技术变革和机制性改革,以确保农业资源的可持续利用,农业经济效益的持续提高,农业生态效益的持续改善。但当前,农业农村实现"碳达峰、碳中和"目标还面临不少困难与挑战,仍需在以下方面着重发力。

(一) 关注农业减污,发展绿色栽培

世界粮农组织(FAO)的相关研究表明,传统集约农业中 75% 的二氧化碳来自化肥、饲料及燃料。[2]因此,控制农业源污染、削减农业源污染物排放总量已成为农业碳中和的重要工作之一,可从以下两个方面着手。

一方面,通过大力推广先进的污染控制技术,最大限度地减少农业生产带来的环境污染问题。坚持全过程系统控制原则,从源头上,强化管理、合理规划,优化农业优良品种,优化种养方式,坚持农牧结合,实现种养平衡;从过程中,因地制宜,匹配病虫害防治措施,加大科技创新力度,探索新型无污染的生物农药肥料,有针对性地进行病虫害防治;从末端治理上,秉持以生态治理为主、工程手段为辅的原则,开发低成本污染治理技术,提高污染治理的水平,避免污染治理造成的二次污染现象。

另一方面,通过政策引导和监督管理促进农业面源污染治理全面开展,形成源头减排、过程控制、末端治理相结合的全过程农业面源污染控制与管理体系。[3]开发因地制宜的农业污染治理模式,形成适合不同地区特点的规模化农业污染治理技术模式,并通过工程示范,在区域内得到推广应用。此外,地方政府要根据农业污染物控制工作实际,加大资金投入力度,优化环保专项资金使用管理。

---

[1] 蒲江农业农村:《"碳中和",农业农村要跟上!》,https://new.qq.com/rain/a/20210709A08KWI00。

[2] 邓明君、邓俊杰等:《中国粮食作物化肥施用的碳排放时空演变与减排潜力》,载《资源科学》2016年第3期,第534—544页。

[3] 王欲:《农业源污染减排的主要对策及建议》,载《吉林蔬菜》2016年第8期,第44—45页。

(二) 推进智慧农业, 促进提质增效

农业的碳净零排放还需要充分发挥农业机械化、规模化、智慧化生产的优势,推动新一轮农业科技革命的浪潮,这必将对农业供能体系提出更高需求。但相比于城市用能而言,农村能源结构依然以化石能源为主,传统生物质能源、劣质散煤利用居高不下,可再生能源资源丰富但利用水平偏低。[1] 2018 年,我国农村秸秆、薪柴等非商品能源消费量为 1.11 亿吨标准煤当量,占农村生活能源消费总量的 35.01%,且多为直接燃烧,释放大量温室气体与烟尘。[2] 因此,从源头,积极开发可再生能源供应,推动农业能源结构优化。根据不同地区的气候条件、农村能源资源条件、用能需求等因素,开发可再生能源替代常规能源,因地制宜构建不同供需结构的农村综合能源系统,满足农村地区增长的能源需求,达到改善能源结构和节能减排的双重目标。[3] 从终端,创新和推广先进农业机械化生产技术和精准监管体系。关注低能耗高效率农机装备和关键部件、农机智能调度系统的开发和应用,加快农业标准化建设和规模化生产;融合物联网、多源遥感设备、智能监控录像设备和智能报警系统,定时定量,"精准"分析,科学施策,提高能源利用效率和生产水平,降低碳排放。

专栏 6-3

基于屋顶光伏的农村新型能源系统

我国广大农村地区能源需求旺盛,减煤降碳空间充足,亟须能源转型。在"碳达峰、碳中和"目标指引下,建设以屋顶光伏为基础的农村新型能源系统也将成为我国新型电力系统建设的突破口。

基于屋顶光伏的农村新型能源系统,即是在自然条件适合的地区,充分利用各家农户的闲置屋顶空间,发展以光伏发电为核心的新型直流微网,为农村

---

〔1〕 张晖、张静:《农村能源利用与发展问题研究》,载《林业经济》2012 年第 9 期,第 93—96 页。

〔2〕 国家电网报:《"十四五"我国农村如何推进能源转型》,https://shoudian.bjx.com.cn/html/20201208/1120570.shtml。

〔3〕 中国能源报:《农村能源转型面临多重挑战 碳中和赋予农村能源转型新的内涵》,http://guangfu.bjx.com.cn/news/20210526/1154537.shtml。

生产生活全面提供能源。同时，可将剩余电力及加工成型或气化的生物质能源向城市输出，成为产粮区新的经济来源。

从发电容量来看，根据清华大学与原国土资源部卫星信息研究所的合作调查计算，我国乡村各类屋顶可安装光伏发电装置约20亿千瓦，全年可发电量接近3万亿千瓦时，占到我国2019年全年总用电量的40%，更将达到规划中我国零碳电力系统中光伏发电总量的60%。从容量调节角度来看，通过建设村级直流微网和公用蓄电池，还可实现户间电量的相互流通和补充。农村各类带有蓄电能力的用电装置和多数负载可按照需求响应用电的模式，从而使屋顶光伏电力的大部分有效消纳，剩余部分经过村级直流微网的整合后上网，也转变成可调可控的优质电源。分布式蓄电将打破集中供电的惯性，同时推动电力供需关系由目前的"源随荷变"转为"荷随源变"，极大助力电网的稳定性和灵活性。由此看来，农村屋顶光伏无论在容量调节还是电量供应上，都可对未来的零碳电力系统起到关键作用。[1]

（三）探索循环农业，推动多维发展

发展循环经济，即想方设法将上游产业的污染排放物作为原料进行加工，生产出下游产品，让物资循环利用，物尽其用。这种产业生态系统的"食物链"和"食物网"，把经济活动组织成一个"资源—产品—再生资源"、能量多级传递的流程，可以实现能量的高效利用、物质的再生循环和分层利用并达到了变污染负效益为资源正效益的目的。

目前，发展农业循环经济还处于起步阶段，加快技术进步是促进循环经济发展的根本措施，其支撑技术体系建立有赖于在现有的农业环保技术、污染防治技术、生态技术的集成应用研究的基础上进一步开展创新研究。单一农业不能构成循环经济，为此，农业循环经济还需要激发农业系统与产业系统间的相互关系，促进农业系统的产业多样化及城乡统筹与工农业的协调发展，积极搭建农业与养殖业、种植业、工业等产业的联通与互动。

---

〔1〕 江亿、胡姗：《农村屋顶光伏——实现低碳发展的突破口》，载《光明日报》2021年8月28日，https://app.guangmingdaily.cn/as/opened/n/315048fca8284bcb8c2a1121cd6f1f15。

（四）发展富碳农业，落实碳汇交易

在能源结构调整、节能潜力挖掘等重大措施之外，发展富碳农业也将极大激发农业减排固碳潜力。利用二氧化碳作为气肥大量地使用，生产出丰富的粮食作物供给人类生活。"富碳农业"不仅可以使农业大幅增产，提高食品总供给，而且可以消耗二氧化碳，进而改善我们的生态环境。通过富碳农业，可因地制宜发展科技型经济"新模式"，创造性地形成可再生能源全面发展的多轮驱动能源供给体系，推动农业的第三次（绿色）革命和新能源技术革命，创造出极大的经济效益和社会效益。在国家政策扶持和鼓励之下，我国多个省市开始了自由探索，并取得了显著的减排效益。[1]

此外，我国已有多项政策文件鼓励农业部门参与自愿减排项目，以市场机制为农业农村发展赋能增效。2012年《温室气体自愿减排交易管理暂行办法》支持农林碳汇、畜牧业养殖和动物粪便管理等申请作为温室气体自愿减排项目；2019年生态环境部在答复函中指出"鼓励和支持农业温室气体减排交易"，"研究推进将国家核证自愿减排量纳入全国碳市场"。2021年全国"两会"期间，也有多位代表委员提出有关生态环境与农业碳中和的建议和提案。地方上，各碳交易试点省份相继开展了农业碳交易实践，鼓励农村沼气等项目通过抵消机制进入市场交易。湖北省将217万吨农业碳减排量纳入市场交易，产生收益5 000多万元；山东临沂也推动将不被金融机构认可的农业生态资源纳入碳资产管理，为企业、村民发放授信额度近千万元。[2]

专栏 6-4

甲烷卫星——MethaneSAT[3]

除了二氧化碳，农业生产过程中的甲烷问题不容忽视。甲烷是仅次于二氧

---

[1] 社社生活：《什么是"富碳农业"？一种全新的农业理念和模式》，https://mp.weixin.qq.com/s/vsjc_lKB5AuzGxI-vIS15w。

[2] CT碳圈：《农业在碳中和过程中同样不可忽视》，https://mp.weixin.qq.com/s/hXLVv9MvfA5qlDyahRgcyw。

[3] 美国环保协会：《EDF甲烷卫星携手SpaceX，将于2022年按期发射》，http://www.cet.net.cn/html/news/CET/2021/0309/512.html。

化碳的第二大温室气体,目前已有研究表明,甲烷对全球变暖的贡献率约占四分之一,尽管其生命周期较短,但其热量吸收效率远超二氧化碳。在其排放后20年内的全球升温潜势是二氧化碳的84倍,贡献人类感知的全球变暖的25%。减少人为甲烷排放是任何气候战略成功达成的必要因素。

美国环保协会(EDF)近日宣布将在贝索斯地球基金、美国太空探索技术公司(SpaceX)的帮助下,于2022年10月1日发射MethaneSAT卫星,完善甲烷等非二氧化碳温室气体排放的监测和统计制度,加强对能源活动和工业生产过程中甲烷等非二氧化碳温室气体排放的管控。

MethaneSAT卫星的出现填补了现有甲烷卫星监测的空白,与欧洲航天局(ESA)发射的全球测绘探测器TROPOMI相比,MethaneSAT卫星可以提供更高的灵敏度和空间分辨率;与来自加拿大的GHGSat卫星相比,MethaneSAT卫星具备更广的扫描带宽。此外,MethaneSAT卫星还将建立一个先进的数据平台,可自动化完成甲烷定量分析,为非商业用户以在线的方式免费开放数据。

第七章

生活方式转型

本章延续第六章对于高能效循环利用体系建设的讨论,从可持续消费视角切入,探讨"碳达峰、碳中和"背景下的生活方式转型。首先回顾了农耕文明到工业文明的历史转变,说明不同经济社会发展阶段下人类生活方式转型的必然规律;接着从现代家庭的视角,说明实现"碳达峰、碳中和"目标将给人类生活方式带来怎样的改变,以及人们如何通过衣食住行的转变助力实现"碳达峰、碳中和"目标;最后从政策、企业、社区、消费者四个层面对不同生活场景下的脱碳路径进行介绍,帮助读者将宏大的国家战略与日常衣食住行等个人行为建立联系,充分认识到个人努力和贡献的必要性和重要性。

一、 不同时期人类生活方式的演变

(一) 农耕时代的低碳智慧

中国传统文化蕴含的生态智慧和新时代生态文明思想共同构成了中国特色低碳生活的思想文化基础。习近平总书记指出:传承五千多年的中华文明,积淀了丰富的生态智慧。至今,顺应春生、夏长、秋熟、冬藏自然规律的开采制度,恪守勤俭节约,生活中不对自然过度消费的"克己复礼"仍然是新时代生态文明思想的文化基础。[1]古人在农耕活动中总结了诸多人与自然和谐相处的经典思想。几千多年前的中医著作《黄帝内经》主张的"天人合一"解释了人与自然一元统一的

---

[1] 焦德武、曾凡银:《生态文明思想引领生态环境治理新实践》,载《中华环境》2020 年第 8 期。朱熹认为"克己"是战胜自己的私欲;"复礼"是顺应天理。

关系,这种思想在春秋战国时期《周易》和儒家文化中都有体现。孟子的"斧斤以时入山林"更是与可持续发展理念不谋而合。再加上道家的"天人合一,道法自然;抱朴见素,少私寡欲""知足不辱,知止不殆",[1]中华民族的朴素生活意识流传了上千年。植根于农业文明的中国传统文化,还孕育了各式各样的生态实践,一同推进人类与自然的和谐共生。[2]

专栏 7-1

哈尼族千年传承的生态文化

不同区域的地理环境差异造就了当地的建筑类型,在镇南地区的哈尼族的房屋就体现了设计结合自然的思想。以哈尼族民居蘑菇房为例,为了减少对山体环境破坏,房屋主体顺应了山体和植被的布局。蘑菇房正房由三层构成,一层为牲畜和农耕用具存储,二层围绕中间的火塘设置卧室,顶层是由泥土覆盖的封火楼。除了蘑菇房,根据其他地形诞生的土掌房、瓦房、干栏房一起形成了"森林—村寨—梯田—水系"主导的村落。[3]

哈尼人还是最早驯化野生稻的民族之一。千百年来,哈尼族将哀牢山区三江流域的野生稻驯化为陆稻,又将陆稻改良为水稻,在得天独厚的生态环境中,使三江流域成为人类早期驯化栽培稻谷的地区之一。

2019 年,中国水产科学研究院和农业农村部淡水中心对哈尼梯田进行了水稻—黄颡鱼联合"稻渔共作"综合种养模式的采样,稻田活动的鱼类产生的排泄物可以作为肥料为水稻提供营养,试验田每公顷增收约 13 582.2 元。"稻鱼共生"是适应自然、改造自然生活的结晶,既为农村提供了就业,也减少了当地水田改旱田、甚至落荒,也是农村低碳发展的新方向。[4]

---

[1] 主张满足、知足,避免华丽、奢靡的饮食和住宅。

[2] 武晓立:《我国传统文化中的生态智慧》,载《人民论坛》2018 年 9 月上,第 140—141 页;朱芳茵:《我国传统文化中的生态智慧与现实启示》,载《胜利油田党校学报》2020 年 9 月第 33 卷第 5 期,第 45—49 页。

[3] 杨哲、张建国:《乡村振兴视域下传统民居建筑的保护与传承——以云南省红河哈尼族民居为例》,载《城市建筑研究》2020 年第 11 期。

[4] 朱昊俊、强俊等:《哈尼梯田"渔稻共作"综合种养模式探究》,载《科学养鱼》2020 年第 1 期,第 39—40 页。

（二）工业革命改变生活方式

工业革命不仅带来了经济增长，也对人类社会生活方式的变化产生了深远的影响。人类已经经历了三次工业革命，每次工业革命都会带来整个社会生产生活方式的变革：[1]第一次煤炭代替薪柴成为主要燃料逐渐代替人力、畜力，蒸汽机得到广泛应用，出行方式得到了革新。第二次工业革命，石油逐步替代煤炭成为主导能源电力，人类进入了"电气时代"，稳定的照明和电话通信进入寻常百姓人家。第三次工业革命，半导体技术、互联网及计算机带来的数字革命改善了人类的远距离交流方式。[2]目前，我们正在经历第四次工业革命，即人工智能等新兴技术带来的数字化革命，这次革命也是强调高效低碳可持续的绿色革命。

人类社会经历着从农业社会向工业化社会的转型，从而使人们的生活方式出现新趋向，由此产生的一个重要"现象"是：人们的日常生活由以往地域性、自足性、家庭村社式的分散性生活领域，日益扩展形成市场化、社会化、大众化的"公共生活领域"[3]。城市轨道交通的兴起与发展反映了早期的工业文化，也是现代设计和传统设计分离的起点。随着钢铁等新材料的应用、城市人口扩张、社会生产方式转变，城市的扩展与人口激增带来了交通需求的急速增长，原有的马车出行方式无法适应城市的发展需求。城市道路、公园、供水、供电设施发展，工商科文教医等机构为"公共领域"的产生创造了基础，人们的生活方式和空间得到扩展，衣着、饮食、交通条件等也受到影响。[4]

二、 现代家庭如何助力实现"碳达峰、碳中和"目标

根据基于消费的核算，全球约三分之二的排放与私人家庭活动有关，作为重

---

〔1〕《能源转型是工业革命的核心驱动力量》，载《能源与环境》2015 年第 3 期，第 56 页。冯飞：《第三次工业革命是生产和生活方式的重大变革》，载《中国党政干部论坛》2013 年第 10 期。

〔2〕孙德强、习成威、郑军卫、张涛、孙焌世、卢玉峰、姚悦、王维一：《第四次工业革命对我国能源的发展影响和启示》，载《中国能源》2019 年第 11 期。

〔3〕李长莉：《民众生活蕴藏中国近代社会转型内潜力》，载《人民论坛》2020 年 8 月，第 137—139 页。

〔4〕梁景和：《生活方式：历史研究的深处——评李长莉著〈中国人的生活方式：从传统到现代〉》，《通化师范学院学报》2010 年第 9 期。

要的消费支出单位,家庭消费对节能减排的影响至关重要。[1]家庭作为产品和服务消费的终端,协调家庭消费需求增加、城市经济发展与环境保护的关系,建设绿色家庭和低碳城市是中国的当务之急。家庭碳排放可分为直接碳排放和间接碳排放。直接碳排放包括照明、采暖、淋浴、烹饪、交通等直接能源消费产生的碳排放,间接碳排放是指饮食、穿衣、购物、送礼等产生的碳排放。根据家庭生活涉及的场景,可将家庭源碳排放划分为三个范围,如图 7-1 所示。一项家庭活动可能同时包含不同范围的碳排放,例如,家庭聚餐包含的食物采购过程中使用汽车消耗的汽油属于范围一排放,在烹饪食物过程中使用抽油烟机、灯光照明属于范围二排放,如果聚餐过程中选择了外卖配送,那么也涉及范围三排放。

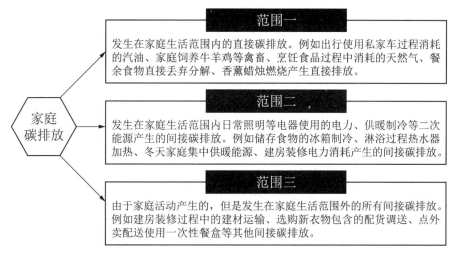

资料来源:作者整理绘制。

图 7-1　家庭生活碳排放范围划分

　　改变生活方式是持续减少温室气体排放和缩小排放差距的先决条件。生活方式的改变受到经济、社会、文化、习俗等多方面的影响,公民的消费水平随着物质丰富和收入飞跃得到了极大改善,很多人逐渐摒弃了勤俭节约的传统美德,物质主义、消费主义、享乐主义的流行和传播给低碳生活方式带来了挑战。[2]习近

〔1〕　IPCC 政府间气候变化专门委员会:《决策者摘要 2019》。
〔2〕　新华网:《积极倡导推广绿色消费》2020 年 10 月 9 日,http://www.xinhuanet.com/politics/2020-10/09/c_1126584083.htm。

平总书记在"十三五"计划期间指出，"生态文明建设同每个人息息相关，每个人都应该做践行者、推动者。要加强生态文明宣传教育，强化公民环境意识，推动形成节约适度、绿色低碳、文明健康的生活方式和消费模式，形成全社会共同参与的良好风尚"。值得注意的是，通过改变生活方式减少排放，需要政府、企业、社会形成更广泛的可持续系统条件的支持，包括绿色低碳基础设施和公共服务的提供、绿色低碳产品标准和认证、绿色低碳产品的生产和供应以及绿色低碳个人行为的规范和引导，等等。

专栏 7-2

人衣食住行医碳足迹

根据产生碳排放的主要家庭消费，整理了食物、衣服、住房、交通、医疗、日用品六类消费场景，[1]并分别给出高碳、中碳、低碳、零碳四类不同情景对应的碳足迹。

类 型	高 碳	中 碳	低 碳	零碳/近零（<1）
衣服	一件约400 g的皮革、羊毛、涤纶织物（47 kg），洗衣机使用60°水清洗一篮子约2.7 kg衣物（3.3 kg）[2]	丝制衣服，小规模生产私人定制衣物，深色衣服	约250 g的棉麻衣物（7 kg），浅色衣服，洗衣机使用30°水清洗一篮子约2.7 kg衣物（0.6 kg）	循环利用旧衣物
食物（每kg）[3]	肉牛牛肉（99.48 kg），黑巧克力（46.65 kg），羊肉（39.72 kg），奶牛牛肉（33.3 kg），咖啡（28.53 kg），饲养虾（26.87 kg）	鱼（13.63 kg），猪肉（12.31 kg），家禽（9.87 kg），鸡蛋（4.67 kg），米饭（4.45 kg）	豆腐（3.16 kg），牛奶（3.15 kg），燕麦（2.48 kg），西红柿（2.09 kg），红酒（1.79 kg），小麦（1.57 kg），莓果类和葡萄类（1.53 kg）	豆奶（0.98 kg），豌豆（0.98 kg），香蕉（0.86 kg），洋葱&葱（0.5 kg），土豆（0.46 kg），苹果（0.43 kg），果仁（0.43 kg）

---

〔1〕 Wang，X.，& Chen，S. Urban-rural carbon footprint disparity across China from essential household expenditure：Survey-based analysis，2010—2014. *Journal of Environmental Management*，2020，267：110570—110570. https://doi.org/10.1016/j.jenvman.2020.110570.研究使用2010—2014期间中国25个省市数据，模型中不包括医疗。

〔2〕 Christine Ro：Smart Guide to Climate Change. 2020 Mar.，https://www.bbc.com/future/article/20200326-the-hidden-impact-of-your-daily-water-use.

〔3〕 Poore，J.，Nemecek，T. Reducing food's environmental impact through producers and consumers，2018.

（续表）

类　型	高　碳	中　碳	低　碳	零碳/近零（<1）
住宅[1]	50 年生命周期两层露台式别墅（5 143.99 kg）抽油烟机、排风扇、空调等家电空置或待机，频繁改造房屋装修	40 年生命周期 16 层公寓式住宅（2 023.45 kg），60 瓦白炽灯泡（每天使用 4 小时，一年排放 91.47 kg），分散建造房屋	50 年生命周期 8 层公寓住宅（631 kg）11 瓦节能灯（每天使用节能灯 4 小时，一年排放 22.87 kg），使用节能家电	住户分布式太阳能发电，零碳建筑
交通[2]	经济舱直飞（17.7 kg/百公里），[3]一般汽油轻型车（24.38 kg/人—百公里）；电动汽车（20.91 kg/人—百公里）	汽油车（双人乘坐）（12.19 kg/人—百公里），摩托车（11.96 kg/人—百公里）	汽油公交车（1.77 kg/百公里），电动列车（2.86 kg/人—百公里），地铁（0.91 kg/人—百公里）[4]	自行车，步行，绿色能源电动车
医疗	住院患者（32.88 kg/天，医疗废弃物	不住院患者（5.75 kg/天），往返医院和门诊的路途消耗	医疗社区护理服务，生物质降解塑料	远程诊断
日常用品	一次性用品（纸杯/筷子/餐盒），一次性包装（不可回收利用 540 kg/年），台式电脑（800 kg），[5]传统制冷剂空调（4 000 kg），老化空调（6 000 kg）	笔记本电脑（350 kg），[6]气候友好 R32 制冷剂空调（1 200 kg），[7]冰箱（116 kg/年）	易降解材料，可清洗抹布，可充电电池，布购物袋，节能家电，电脑等电子产品零部件回收利用	太阳能充电器，手摇发电筒

[1] Fenner, A. E., Kibert, C. J., Woo, J., Morque, S., Razkenari, M., Hakim, H., & Lu, X. The carbon footprint of buildings: A review of methodologies and applications. *Renewable & Sustainable Energy Reviews*, 2018, 94, 1142—1152. https://doi.org/10.1016/j.rser.2018.07.012. 作者根据建筑 LCCO2A 标准核算全生命周期温室气体（GHG）排放。

[2] Institute for Sensible Transport: Transport, Greenhouse Gas Emissions and Air Quality (2018), https://sensibletransport.org.au/project/transport-and-climate-change/.

[3] Alva Lim: Uncovering the Carbon Footprint of Everything(2010), https://ourworld.unu.edu/en/uncovering-the-carbon-footprint-of-everything.

[4] 赵荣钦、范桦、张振佳、王帅、王志齐、乔德会、周森秋、朱自洋、满洲：《城市地铁对沿线居民通勤交通碳排放的影响——以郑州市为例》，《地域研究与开发》2021 年第 4 期。

[5] Carbon Footprint of a Typical Dell Business Desktop, https://www.dell.com/learn/us/en/uscorp1/corporate~corp-comm~en/documents~dell-desktop-carbon-footprint-whitepaper.pdf.

[6] Carbon Footprint of a Typical Business Laptop from Dell, https://i.dell.com/sites/content/corporate/corp-comm/en/Documents/dell-laptop-carbon-footprint-whitepaper.pdf.

[7] How to reduce your carbon footprint with a portable air conditioner? https://www.closecomfort.com/au/blog/how-to-reduce-your-carbon-footprint-with-a-portable-air-conditioner/.

根据中国绿色碳汇基金会提供的碳足迹计算器可知,购买 1 件衣服(6.34 kg)、洗涤1 kg 衣物(1.79 kg),消费肉类 1 kg(1.4 kg)、粮食 1 kg (0.94 kg)、1 包烟(0.02 kg)、1 斤白酒(1 kg)、1 瓶啤酒(0.43 kg),使用 1 度电(0.87 kg)、1 立方米煤气(0.71 kg)、1 立方米煤气(2.19 kg)、1 千克燃煤(3.5 kg),采用集中取暖每平方(32.6 kg),装修采用木材 1 立方米(1 830 kg)、钢材每千克(1.9 kg)、陶瓷每千克(15.4 kg)、铝材每平方(24.7 kg),出行每公里采用飞机(0.12 kg)、火车(0.06 kg)、轮船(0.01 kg)、地铁(0.08 kg)、公共汽车(0.02 kg)、油耗小于 8 L/100 km 的经济型轿车(0.16 g)、油耗介于 8—12 L/100 km 的舒适型轿车(0.28 g)、油耗大于 12 L/100 km 的豪华型轿车(0.33 g),使用 1 个塑料袋(0.02 kg)、纸制品 1 千克(3.5 kg)、一次性筷子 1 双(0.02 kg)。

以职住结合、低碳出行为主,蔬果肉蛋平衡的饮食,少繁琐购买的简约生活年人均碳足迹约为 1 579 kg。目前,中国人均碳足迹为 6 675 kg,美国 17 067 kg,世界范围内人均年碳足迹 4 651 kg。当前的人均碳足迹会加剧气候变化,能够帮助应对气候变化目标的年人均碳足迹至少应控制在 2 330 kg 以下。[1]

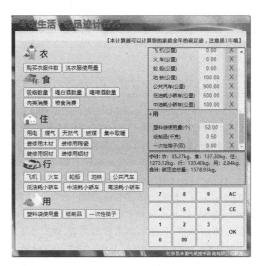

资料来源:作者根据中国绿色碳汇基金会碳足迹计算器整理,http://www.thjj.org/calc.html。

图 7-2 低碳生活的碳足迹

---

〔1〕 中国绿色碳汇基金会碳足迹计算器,http://www.thjj.org/calc.html。

（一）养成简约低碳生活，改变消费习惯

引导绿色低碳的消费模式和生活方式，是构建低碳零碳社会的重要一环。居民消费中即包括了必不可少的衣着、食品、医疗药品、也包括书籍、娱乐、美容等个性化消费，日常电器使用、洗衣做饭用水的电力能源和水资源消费，还包括出行、旅游、居住等带来的服务性消费。居民低碳消费涉及绿色低碳产品的消费政策和定价机制、企业提供定价合理低碳产品、社区建立二手交易平台，营造化繁为简、杜绝"开空调盖棉被"铺张浪费的朴素生活氛围。作为消费者，也要学会建立理智的购物选择。中国"多煤、缺油、少气"的特点造成了初期的粗放型发展，农村居民分散居住、传统自炊的生活方式带来了煤炭的高消费、城市居民追求私人汽车快捷生活造成的汽油高消费，集约化的住房和高效的能源供应使得城市居民人均生活能源总消费低于农村居民（见图7-3）。居民的生活低碳转型包括生活消费领域的能效提升和排放管控，对实现碳中和和低碳消费有重要意义。[1]

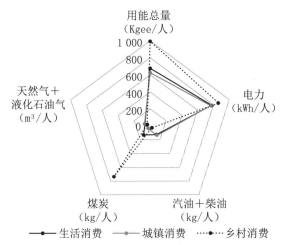

资料来源：作者根据胡红、齐佳、唐艳芬：《北京市居民生活用能特征分析及政策建议》，《中国能源》2016年2月第38卷第2期数据制图。

图7-3 2012年北京城乡人均生活用能消费

随着技术水平提高，石油化工产品的进口在纺织行业的应用解决了中国的穿

---

[1] 胡红、齐佳、唐艳芬：《北京市居民生活用能特征分析及政策建议》，载《中国能源》2016年2月第38卷第2期，第43—47页。

衣问题。[1]我国不仅是世界最大的纺织品生产国，也是全球最大的消费市场，在绿色低碳发展新格局下，纺织行业碳达峰碳中和不仅涉及节能减排技术开发和推广，还与各级政府政策支持、绿色消费理念紧密相关。[2]构建低碳消费氛围，要从绿色低碳产品的消费政策的落实和扩大低碳产品范围、完善定价机制着手，鼓励企业追溯上游供应链，构建全生命周期低碳产品；社区引导社会公众勤俭节约的消费理念，建立政府、企业、社区和消费者多层面的长效脱碳合作机制对低碳生活转型有积极意义（见表7-1）。

表 7-1　消费的脱碳路径、局限和扩展方式

对象	主要脱碳路径	目前局限	扩展方式
政府	建立绿色低碳产品的认证标准体系，包括定价、补贴、返还、认证、标识等激励机制，鼓励引导低碳消费	围绕碳足迹的认证标准体系尚未建立，认证门槛高周期长，产品覆盖范围小，对公众消费引领效果欠佳	鼓励围绕产品碳足迹认证的技术方法创新，培育并规范第三方认证机构，探索个人碳足迹账户和激励机制，宣传低碳消费理念，形成低碳社会风尚
企业	从设计、采购、生产、销售、使用的全生命周期角度进行创新考虑，提供绿色低碳产品，对产品进行绿色低碳认证	绿色低碳产品成本不具备市场竞争优势，部分产品关联度较弱的企业对于产业链上下游企业没有约束力，无法做到真正的绿色低碳产品，市场鱼龙混杂	鼓励企业低碳技术自主研发和产学研融合发展，自下而上形成行业内标准，支持龙头企业通过采购标准等形式倒逼全产业链低碳转型，积极参与绿色低碳产品自主认证过程
社区	建立二手交易和易物平台，通过低碳知识讲座、宣传标语等营造低碳消费氛围	资源有限推广难度大，低碳场景不易开发	建立友邻社区合作往来，连接企业线下低碳产品推广，引导社会公众勤俭节约消费观念
消费者	培养理性消费理念，减少非理智购买	消费者认知和行动参与不足	从小事从身边做起，重复使用包装袋、选购低碳产品和服务，培养低碳消费意识

专栏 7-3

全球贸易中的隐含碳

以一个 64 GB 的 iPhone XS 为例，中国在生产过程中大概排放 70 kg 的二

---

[1]　张国宝：《中国靠什么解决14亿人口的穿衣问题》，载《经济网—中国经济周刊》2017年6月26日，http://www.ceweekly.cn/2017/0626/195453.shtml。

[2]　陈婉：《完善支持政策，推进纺织业低碳绿色发展》，载 Environmental Economy，2021年6月。

氧化碳。当这个手机销售到英国,被英国的消费者购买使用,这就产生了贸易。因为生产一个 iPhone XS 产生了 70 kg 二氧化碳,手机当中隐含了 70 kg 的二氧化碳。这个隐含碳会随着贸易发生转移,即虚拟碳流动。如果按照生产端碳核算方法计算,生产者承担这 70 kg 的二氧化碳,如果按照消费端计算,这笔碳排放由英国的消费者承担。

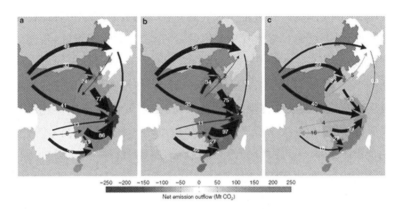

图 7-4 中国内部碳流动模式[1]

当我们用同样的方法看碳流动,中国的碳流动方向为中西部到东部,这意味着中西部生产的高能耗高排放产品主要由东部消费。

在过去十几年中,中国流向非洲、南美、东南亚国家的产品隐含碳增长,向 OECD 国家、西欧、北美等发达国家的隐含碳下降,这意味着南北贸易的格局在逐渐发生转变,南南贸易在不断增长。中国的贸易产品在附加值和内涵碳层面都得到了升级。[2]

[1] Mi Z., Meng J., Guan D., Shan Y., Song M., Wei Y., Liu Z., & Hubacek, K. Chinese CO₂ emission flows have reversed since the global financial crisis. *Nature Communications*,2017,8(1),1—10. https://doi.org/10.1038/s41467-017-01820-w.
[2] 根据伦敦大学气候变化与经济副教授米志付在 CIDEG 学术委员会迈向"两碳"的发言和论文整理:Meng J., Mi Z., Guan D., Li J., Tao S., Li Y., Feng K., Liu J., Liu Z., Wang X., Zhang Q., & Davis S. J. The rise of South—South trade and its effect on global CO₂ emissions. *Nature Communications*,2018,9(1),1—7. https://doi.org/10.1038/s41467-018-04337-y.

（二）合理膳食杜绝浪费，改善饮食结构

《自然食品》[1]一项研究按照部门、温室气体和国家排放量分解了 1990 年到 2015 年食物链年排放量数据，发现 2015 年 71%的食品系统排放来自农业和土地利用及变化活动，造成温室气体排放占比 34%。1990 年到 2015 年间，全球的粮食产量增长了 40%，食品系统的年排放量增加至 180 亿吨二氧化碳，人均食物排放量从 3 吨下降到 2.4 吨。

这意味着，食物系统的脱碳对应对气候变化是重要且科学可行的。从食品部门缓解碳排放，既要杜绝日常饮食带来浪费，严令禁止大胃王催吐、校园营养餐浪费不良现象，也要从畜牧业生产和饮食结构调整，选择健康低碳饮食。构建低碳的食物系统，需要将政府、企业、社区多层面长效合作落实在碳足迹认证标准和机制引导社会公众低碳健康饮食观念、杜绝浪费，也需要供应餐饮企业建立智能化的低碳供应链、社区和餐饮场所为导向的厨余垃圾回收堆肥机制，还需要消费者正确认识食物碳足迹、了解囤货和浪费的后果，理性消费（见表 7-2）。例如，引导城市居民购买当季、当地食品，减少深加工、高碳排放动物性食品、避免采购过量食物造成的冰箱储存能源消耗可以降低当前城市的饮食碳排放。在此基础上，农村可以发挥餐余垃圾回收、堆肥的优势，建立就地堆肥还田、生产饲料等资源化利用。[2]

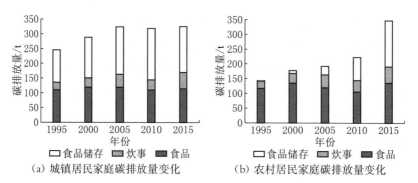

（a）城镇居民家庭碳排放量变化　　（b）农村居民家庭碳排放量变化

资料来源:余广霞、王向前、武慧君、葛建华:《安徽省城乡居民食物消费能耗及碳排放分析》，载《安徽理工大学学报》(自然科学版)2020 年第 1 期。

图 7-5　1995—2015 年安徽省城镇、农村家庭饮食间接碳排放

[1] Crippa M., Solazzo E., Guizzardi D., Monforti-Ferrario F., Tubiello F. N., & Leip A. Food systems are responsible for a third of global anthropogenic GHG emissions. *Nature Food*, 2021, 2(3), 198—209. https://doi.org/10.1038/s43016-021-00225-9.

[2] 余广霞、王向前、武慧君、葛建华:《安徽省城乡居民食物消费能耗及碳排放分析》，载《安徽理工大学学报》(自然科学版)2020 年 1 月第 40 卷第 1 期，第 38—44 页。

表 7-2　饮食的脱碳路径、局限和扩展方式

对象	主要脱碳路径	目前局限	扩展方式
政府	鼓励低碳饮食产品供应,引导社会公众合理优化膳食结构,培养低碳健康饮食和杜绝浪费的观念	缺乏相关产品低碳认证标准和激励机制	结合国民体质健康需求,鼓励脱碳饮食科学配比,建立相关认证标准,落实激励机制,加强宣传引导
企业	餐饮行业碳足迹标签,[1]食品原料采购、生产加工、包装销售等环节的绿色低碳和可持续利用	技术研发成本过高,市场接纳度低,低碳转型动力不足	企业区块合作,建立完整智能化低碳食品供应链,开发低碳健康饮食 App
社区	改善厨余垃圾回收处理,[2]健康低碳饮食咨询,农贸市场规范管理	缺乏人力和相关知识	提供住户咨询和培训,一对一社区帮扶
消费者	调整饮食结构,选择应季蔬果,[3]减少外卖一次性餐具,日常囤货造成浪费和冰箱能源使用	对囤货造成浪费的认知和意识淡薄,对美食过度追求	正确认识食物碳足迹,了解囤货和浪费的后果,理性消费

（三）家庭结构理性置业，推动居住规划

合理的家庭结构和建筑结构可以极大地减少人均居住碳排放。对中国城市家庭居住碳排放的研究表明,城市家庭户均碳排放随家庭规模的增加先降低后增加,人均碳排放持续降低。一人家庭的户均居住排放约为 99.3 kg 二氧化碳,两人户家庭人均碳排放仅为 37.28 kg。随着家庭规模扩大,户均碳排放小幅度上涨,不同家庭规模下的人均碳排放持续下降,五口之家的人均碳排放仅为 18.74 kg。家庭规模边际碳排放与人口结构,就业结构等因素相关。[4]住房、制冷、取暖、家用电器等家庭固定消费带来的规模效应是大家庭人均碳排放低于小家庭的主要原因,此外收入和教育水平也会影响家庭的碳消费。[5]针对住区室内结构碳排放的

---

〔1〕　肖尧、王江南、李明潞、宁哲:《碳标签食品认知与接纳前瞻——基于哈尔滨市青年消费者调查的实证分析》,载《中国林业经济》2019 年 5 月第 3 期,第 58—62 页。

〔2〕　卢然、谢晟宇、谢标:《南京居民食物消费系统中的碳变化与环境负荷》,载《环境污染与防治》2021年 2 月第 43 卷第 2 期,第 248—254 页。

〔3〕　王殿华、赵园园、彩虹:《居民食品消费碳排放分析——基于居民食品消费意识和行为的调查》,载《生态经济》2018 年 2 月第 34 卷第 2 期,第 42—46 页。

〔4〕　胡振、何晶晶、李迎峰:《城市家庭居住碳排放的人口边际效应》,载《人口与经济》2018 年第 11 期。

〔5〕　Christis M., Breemersch K., Vercalsteren A., & Dils E. A detailed household carbon footprint analysis using expenditure accounts—case of flanders (belgium). *Journal of Cleaner Production*, 2019, 228, 1167—1175. https://doi.org/10.1016/j.jclepro.2019.04.160.根据作者对比利时的住户消费调查得出结论。

进一步研究表明，对家庭住宅用电和燃气能源总排放产生影响的因素包括住宅建筑设计、住区空间特征、建筑密度、家庭结构、人均年收入、空调使用温度、节能意识、住房面积等（见图7-6）。[1]

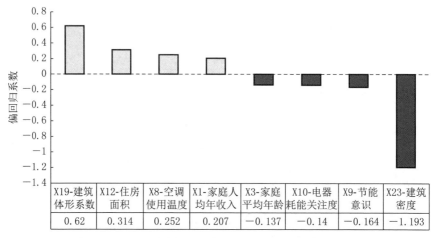

	X19-建筑体形系数	X12-住房面积	X8-空调使用温度	X1-家庭人均年收入	X3-家庭平均年龄	X10-电器耗能关注度	X9-节能意识	X23-建筑密度
	0.62	0.314	0.252	0.207	−0.137	−0.14	−0.164	−1.193

资料来源：王馨珠、汪坚强、郑善文：《住区碳排放影响机制及减碳规划策略研究——以九江市为例》，载《技术设计》2021年第3期。

图7-6　住区碳排放影响要素序列（九江市）

我国建筑运行阶段能耗占全国能源消费的20%，建筑节能的发展与政策扶持，房地产、建材等行业积极参与，社区和家庭的支持密不可分。[2]以家庭为单位的低碳居住不仅需要完善的绿色建筑标准、法规支持节能建筑发展、企业提供节能家电消费选择、社区合理布局减少繁琐路径，也需要提供完善的家庭低碳生活指南和咨询为公众低碳选择提供借鉴（见表7-3）。

表7-3　居住的脱碳路径、局限和扩展方式

对象	主要脱碳路径	目前局限	扩展方式
政府	对传统建筑实行低碳改造，将建筑行业尽早纳入碳市场，对低碳零碳建筑提供扶持政策和低碳消费补贴（家用节能车、电器）	绿色建筑标准、法规不完善，重设计、轻运行，地域分配不均	补充和完善绿色建筑、节能标准评估认证机制，扩大扶持范围

〔1〕　王馨珠、汪坚强、郑善文：《住区碳排放影响机制及减碳规划策略研究——以九江市为例》，载《技术设计》2021年第3期，第44—50页。
〔2〕　中国建筑节能协会：《中国建筑能耗研究报告（2020）成果发布》，2020年11月。

（续表）

对象	主要脱碳路径	目前局限	扩展方式
企业	优化零碳建筑、零碳住宅的建筑设计、住区空间特征、建筑密度,降低建筑运营能耗	技术改造、回收困难,运营维护难,现有低碳建筑产品不能满足市场需求	延伸供应链,建立上游下游企业合作机制
社区	布局规划,低碳零碳社区宣传,提供家庭咨询	人口密度、居住分散为实际规划带来挑战	因地制宜,发挥社区能动性
消费者	理性房型选择,培养节能意识	传统观念仍旧无法摆脱大面积居住的需求,消费者对于采购价格偏高的低碳产品认识不足,存在抵触心理	增加理性认识,杜绝奢靡铺张,践行低碳消费

专栏 7-4

低碳节能——给你绿色的家

　　Clare Cousins 建筑事务所在澳大利亚的维多利亚州创建了第一座碳平衡住宅。这座开普敦的住宅获得了碳排放标准认证,根据建筑公司 Sociable Weaver 的报告,整个建设期间产生的垃圾只有 3 袋。设计公司根据地势、光照和当地气候,利用通风和太阳能保证住宅全年温度适宜。

资料来源:The Urban Developer, 2017 年。

图 7-7　10 星低碳住宅内部结构

> 通过 eTool 的生命周期分析,这件住宅的运营每年可以减少 203 kg 碳排放。房顶有 5 kW 的光伏太阳能,这让每年的能源运营成本低于 3 澳元,而 Clare Cousins 推出的系列碳排放认证 10 星之家会根据用户预算调整设计,售价在 50 万澳元左右。[1]

(四) 低碳通勤绿色出行,实现路径优化

随着经济发展和全球化进程,外出旅游的潜在人群和范围不断扩大,商务活动也更加普遍频繁,2019 年全国旅游人数为 60.06 亿人次。[2]根据联合国环境规划署《2020 年排放差距报告》,一次长途飞行可能产生人均 1.9 吨的碳排放。同时,公共交通体系、环境知识缺乏影响市民低碳通勤,低碳出行需要多方的努力才能实现。[3]改善公共交通系统化石能源消耗,加大清洁能源占比,可以为居民提供便捷的低碳出行选择。此外,企业对太阳能、氢能等清洁能源车辆的开发可以极大地弥补公共交通范围外的个性化低碳出行。不仅如此,通过规划以公共交通和步行、自行车道等慢行交通为导向的社区布局和完善医疗、餐饮等配套设施可以帮助居民减少日常出行造成的碳排放。与之对应,公众根据工作地点规划居住和购物,规划公共或共享出行,可以实现节约成本的个人层面减排(表 7-4)。

表 7-4　出行和通勤的脱碳路径、局限和扩展方式

对象	主要脱碳路径	目前局限	扩展方式
政府	完善低碳交通基础设施,优化区域内公共交通道路规划,落实低碳出行价格引导机制和低碳出行激励机制,引导社会公众低碳出行	区域间差异大,重设计轻运营	加大公共交通清洁能源占比,[4]动态优化交通运输体系,减少公共交通空置率,调整交通和物流碳定价体系,提供航转海陆补贴等

---

[1] The Urban Developer: Carbon Positive House Sets 10-Star Example in Sustainable Building, https://www.theurbandeveloper.com/articles/carbon-positive-house-10-star-example-sustainable-building.

[2] 汪群龙:《中国城镇家庭旅游消费的特征及影响因素——基于中国家庭追踪调查(CFPS)数据的实证分析》,载《浙江树人大学学报》2020 年第 9 期,第 42—49 页。

[3] 王凤、刘娜:《城市居民低碳通勤行为的"知行不一"》,载《环境经济研究》2019 年第 4 期,第 132—146 页。

[4] 张雪峰、宋鸽、闫勇:《城市低碳交通体系对能源消费结构的影响研究——来自中国十四个城市的面板数据经验》,载《中国管理科学》2020 年 12 月第 28 卷第 12 期,第 173—183 页。

（续表）

对象	主要脱碳路径	目前局限	扩展方式
企业	航空公司规划低碳飞行,物流企业减少不必要中转,减少柴油汽车,发展电车、氢能等清洁能源车辆	航空、海陆协调调度难度高,技术研发、成本高	低碳技术补贴、航空、海陆货运碳足迹标签,建立数据化智能化的交通和物流体系
社区	完善社区内对于步行、自行车道等慢行交通以及公共交通的规划,布局以及配套设施	现有工程改造难度大、资金缺乏	建立企业与社区配送合作机制,配套设施商业化运营
消费者	选择近距离办公,减少出行,使用公共、共享交通,时间允许条件下选择铁路替代飞行	通勤压力带来实施难题,公共交通通达性不足	运用智能化出行规划软件,选择配套设施完善交通便利社区

第八章

生态系统增汇

　　相互关联的自然生态系统及其整体对全球碳循环的平衡和维持起着关键性的作用，自然生态系统增汇成为建设负排放体系，助力实现"碳达峰、碳中和"目标的重要路径之一。本章将为读者揭开自然力量的神秘面纱，厘清碳库、碳源、碳汇等基本概念，介绍自然生态系统增汇场景和增汇机制，探讨生态系统增汇的多种效益。在总结当前我国生态系统保护和修复相关现状、潜力及其所面临现实挑战的基础上，结合国际先进经验，提出"碳中和"愿景下生态系统增汇的策略选择。

一、自然的力量

（一）自然生态系统碳汇的基本概念

1. 生态系统碳循环机制

　　碳是一切生命物质的基础，碳元素分别以二氧化碳、甲烷等气体、碳酸根离子、碳酸盐岩石和沉积物及各种有机物或无机物的形式在不同系统圈层中迁移转化、循环周转，从而构成了全球的碳循环。人类的出现及其社会经济活动对自然生态系统内部及其相互之间的平衡产生了极大的影响，过度人工干预后的自然生态系统呈现出相当程度的不稳定性和不可持续性，严重影响着全球碳平衡和物质能量的循环。但如果人类能及早正视问题，并在充分认识、顺应和利用好自然客观规律的基础上，改变当前的一些不良行为和趋势，并采取行动保护和修复自然生态系统的生产能力，将对改善全球碳平衡以应对气候变化产生积极的作用。

加强自然生态系统吸收和贮存二氧化碳的能力，同时通过保护和修复降低其因人工干预而转变为碳源的风险，逐渐成为各国应对气候变化的一组重要战略措施。就我国当前情况来看，森林生态系统发挥了重要的生态增汇作用，保护和修复湿地和海洋生态系统具有较大的增汇潜力，而草地和耕地生态系统则主要以阻止并修转其向碳源转变的趋势为主。

2. 碳库、碳源与碳汇

《联合国气候变化框架公约》将温室气体"库"定义为气候系统（大气圈、水圈、生物圈和地圈的整体及其相互作用）内存储温室气体或其前体的一个或多个组成部分，[1]碳库则是指在碳循环过程中地球系统存储碳的各个部分。[2]地球上主要存在岩石圈碳库、大气碳库、海洋碳库、陆地生态系统碳库四大碳库。其中，大气碳库在四大碳库中是最小的，碳总量约 2×10^{12} 吨，是联系海洋与陆地生态系统碳库的纽带和桥梁，大气中的碳含量多少直接影响整个地球系统的物质循环和能量流动。而岩石圈碳库虽然最大，但其与其他碳库碳循环量很小，规模仅在0.01—0.1 PgC/a 之间，且其碳的周转时间长达百万年以上，故在碳循环研究中通常将其看作静止的并不多加讨论。因此，本书仅以陆地生态系统碳库和海洋碳库为例做简要介绍。

《联合国气候变化框架公约》将温室气体"源"定义为任何向大气中释放产生温室气体、气溶胶或其前体的过程、活动或机制，将温室气体"汇"定义为从大气中清除温室气体、气溶胶或其前体的过程活动或机制。[3]碳源（Carbon Source）即向大气圈释放碳的过程、活动或机制。自然界中碳源主要是海洋、土壤、岩石与生物体。另外，人类生产、生活等都会产生二氧化碳等温室气体，也是主要的碳排放源。碳汇（Carbon Sink）则可以理解为从大气圈中清除碳的通量、系统、过程或机制。[4]需要注意的是，并非能够吸收碳就是碳汇，只有能够"固定"、储存碳的才是碳汇。

〔1〕 IPCC，*Climate Change 2001：The Scientific Basis*. Cambridge：Cambridge University Press.

〔2〕 杨越：《固碳增汇的下一个"风口"在哪？海洋碳库不容小觑！》，https://mp.weixin.qq.com/s/ErOr-feOf-2KLQVzQlq7NJA.

〔3〕 IPCC，2001. Climate Change 2001：The Scientific Basis. Cambridge：Cambridge University Press.

〔4〕 耿元波、董云社、孟维奇：《陆地碳循环研究进展》，载《地理科学进展》2000 年第 4 期，第 297—306 页。

(二) 自然生态系统增汇场景与增汇机制

接下来,本章将分别阐述不同生态系统的主要增汇场景与增汇机制。

1. 陆地碳汇

(1) 森林

森林是陆地生态系统最大的碳库,[1]占陆生植被碳的55%。[2]森林通过光合作用吸收大气中的二氧化碳,并将其固定在植被或土壤当中。所吸收二氧化碳主要储存到三个有机碳库:活植物碳库、土壤有机质碳库和死植物体碳库。还有一些较小且难以测定的碳库,例如动物和挥发有机质碳库,在研究中通常忽略。

森林碳库容量主要受其自身森林年龄、所处纬度、海拔及氮沉降的影响。中龄林碳累积速度最高,而成熟林和过熟林则基本停止碳累积。[3]森林的储碳量受不同地理区域森林类型的影响,低纬度地区的热带森林碳储量最高,占全部地上植被碳储量的60%;而在高纬度地区,针叶林下的森林土壤碳储量占全球土壤碳储量比例最大。[4]同时,随着天然森林所处海拔的升高,更少受到人为干扰,植被生长时间长,生物量大,碳汇作用也更大。沉降的氮素既可以促进植物生长又能够降低腐殖质的分解速度,能够有效增加森林植被和土壤的固碳能力。此外,森林生态系统极易受到意外自然和人为因素的不良影响。如气候变化带来的降水匮乏、突发森林火灾以及人类的乱砍滥伐等,都会引起森林固碳能力的大幅下降。

根据第九次全国森林资源清查数据,截至2018年我国森林总面积达22 044.62万公顷,森林覆盖率22.96%。全国森林面积净增1 266.14万公顷,且继续保持增长态势。森林资源总量继续位居世界前列,森林面积位居世界第5位,森林蓄积位居世界第6位,人工林面积继续位居世界首位。目前,我国森林植被总生物量183.64亿吨,总碳储量89.80亿吨,[5]森林在减排中发挥着重要作用。

[1] Dixon R. K. et al. Carbon Pools and Flux of Global Forest Ecosystems. *Science*,1994,263(5144):185—190.

[2] Guirui Yu et al. Carbon Storage and Its Spatial Pattern of Terrestrial Ecosystem in China. *Journal of Resources and Ecology*,2010,1(2):97—109.

[3] 王效科、刘魏魏:《影响森林固碳的因素》,载《林业与生态》2021年第3期,第40—41页。

[4] 聂道平、徐德应、王兵:《全球碳循环与森林关系的研究——问题与进展》,载《世界林业研究》1997年第5期,第34—41页。

[5] 中国林业网:国家森林资源清查数据发布与展示系统,http://www.forestry.gov.cn/gjslzyqc.html。

（2）草地

世界草地总面积占地球陆地总面积的 40.5%（不包括格陵兰岛和南极），[1]是陆地植被的重要组成之一。草地碳库由植物碳库和土壤碳库组成。其中绿色植被活生物量的碳贮量占全球陆地植被碳贮量的六分之一以上，土壤有机碳贮量占四分之一以上，在只考虑活生物量及土壤有机质的情况下，草地碳贮量约占陆地植被总碳贮量的 25%。[2]

在草地生态系统中，初级生产者是绿色植物，其通过光合作用吸收大气中的二氧化碳合成有机物质，同时释放氧气。由于草地植被高度较低，植被类型丰富，植株间遮挡小且绿色部分占比高，植物所受光照面积也更大，使其光合作用效率更高。此外，草地植物的光合作用合成有机物形成其巨大的地下根系，其生物量远高于地上植被，是稳定的高质量碳库。此外枯草萎败形成覆盖于土壤表面的凋落层，其中一部分直接分解后以二氧化碳形式回归大气，另一部分凋落物经腐殖化作用，进入土壤库以有机碳形式贮存。[3]

我国现有草地面积 38 283.27 万公顷，其中天然草地可以划分为草原、草甸、草丛和草本沼泽四大类，分别占草地总面积的 50.4%，36.6%，10.7% 和 2.3%。[4]西部省区由于超载放牧、乱挖乱采等因素导致草地面积大规模退化，截至 2009 年，退化总面积达 14 253.34 公顷，其中重度退化面积占退化总面积的 14%。[5]严重退化草地中初级生产者绿色植物大幅减少，土壤中的微生物代谢与碳循环被破坏，二氧化碳释放，草地也会因此丧失碳汇功能而成为碳源。

（3）湿地

按照国际湿地公约（Ramsar 公约）中的定义，"湿地是指不论其为天然或人工、长久或暂时性的沼泽地、泥炭地、水域地带，静止或流动的淡水、半咸水、咸水，包

---

[1] 白永飞、赵玉金、王扬、周楷玲：《中国北方草地生态系统服务评估和功能区划助力生态安全屏障建设》，载《中国科学院院刊》2020 年第 6 期，第 675—689 页。

[2] Combining satellite data and biogeochemical models to estimate global effects of human—induced land cover change on carbon emissions and primary productivity. *Global Biogeochemical Cycles*, 1999, 13(3): 803—815.

[3] 王莉、陆文超：《草地：不容小觑的绿色碳库》，载《中国矿业报》2021 年第 8 期，第 3 页。

[4] 《中国统计年鉴（2020）》。

[5] 高文良：《关于草地可持续性发展的思考》，载《现代农业科技》2009 年第 13 期，第 332—338 页。

括低潮时水深不超过 6 米的海水水域"。[1]全球湿地总面积为 8.56×10^8 公顷,约占世界陆地面积的 6.4%。湿地碳储量约为 770 亿吨,占陆地生态系统的 35%,超过农田、温带森林和热带雨林生态系统碳储量的总和。[2]

湿地地表长期或季节处在过湿或积水状态,地表生长有湿生、沼生、浅水生植物(包括部分喜湿的盐生植物),且具有较高的生产力。湿地植物通过光合作用吸收大气中的二氧化碳并转化为有机质。而随着植物的死亡和枯萎凋落,堆积的植物残体经腐殖化和泥炭化作用,形成了腐殖质和泥炭。加之湿地土壤水分过于饱和,具有厌氧的生态特性,土壤微生物以嫌气菌类为主,微生物活动相对较弱。积年堆积但未能充分分解的泥炭地中积累了大量未被分解的有机物质,能够有效吸收并储存二氧化碳。目前,仅占全球陆地面积 3% 的泥炭地储存了陆地上三分之一的碳,是全球森林碳储总量的两倍。[3]

截至 2018 年,我国湿地面积 8.04 亿亩,位居亚洲第一、世界第四,[4]几乎囊括了国际湿地公约的所有湿地类型,并拥有世界上独特的青藏高原湿地。[5]从分布情况看,东部地区河流湿地多,东北部地区沼泽湿地多,而西部干旱地区湿地明显偏少。长江中下游地区和青藏高原湖泊湿地多,海南岛到福建北部的沿海地区分布着独特的红树林和亚热带、热带地区人工湿地。在自然调节下,湿地一般呈碳汇功能。[6]但若受到气候条件尤其是人类行为的破坏,湿地系统水分丢失,泥炭中的有机物质会被快速分解,原本固存在土壤中的碳将被大量释放,导致温室气体排放量增加,湿地转化成为碳排放源,加剧全球变暖进程。[7]据测算,全球泥炭地被排干或烧毁所释放的碳占全球人为活动碳排放总

---

[1] Allan Crowe. Quebec 2000: Millennium Wetland Event Program with Abstracts. Quebec, Canada, Elizabeth MacKay, 2000:1—256.

[2][5] 杨永兴:《国际湿地科学研究的主要特点、进展与展望》,载《地理科学进展》2002 年第 2 期,第 111—120 页。

[3] 《光明日报》:《湿地保护:应对全球气候变化的自然解决方案》,http://www.tanpaifang.com/tan-guwen/2019/0211/62981_2.html。

[4] 国家林业和草原局政府网:《我国湿地面积 8 亿亩　位居世界第四》,http://www.forestry.gov.cn/main/142/20180717/144048138865928.html。

[6] Mitra S., Wassmann R., Vlek P. L. G. An appraisal of global wetland area and its organic carbon stock. *Current Science*, 2005, 88(1): 25—35.

[7] Zhang C. H., Ju W. M., Chen J. M., et al. China's forest biomass carbon sink based on seven inventories from 1973 to 2008. *Climatic Change*, 2013, 118(3/4): 933—948.

量的 6%。[1]

（4）农田

农业与自然生态系统和人类生产生活有着密切的联系,农田也是重要的碳汇来源,其碳汇功能的实现依靠农作物与土壤的共同作用。一方面农作物通过光合作用吸收空气中的二氧化碳合成有机物,其呼吸作用消耗剩余的有机物被储存在生物体组织中,实现固定大气中的二氧化碳。另一方面,农业耕地土壤拥有更优秀的固碳能力,通过农作物秸秆还田、农业有机肥和作物凋落后的耕地腐殖质可以有效储存空气中的二氧化碳。

我国拥有 18 亿亩的耕地资源,农田的二氧化碳平均容重为 1.2 吨/立方米。[2]农业管理措施和作物杂交品种的变化,如免耕、秸秆还田、产量的增加,都大大促进了农田由"碳源"向"碳汇"的转变。但气候变暖以及不合理的耕作、灌溉、施肥等频繁的人类活动,可能会导致农田有机碳储的大量损失。[3]如大量的农作物耕作种植、机械化耕作会导致土壤温度、湿度及空气状况发生变化,[4]化肥等的大量使用更会导致土壤受到严重污染破坏,机物料输入的减少,土壤侵蚀导致土壤中的碳逐渐氧化分解并释放到大气中。[5]当然,农田生态系统也能够在短时间内进行人为调节。[6]通过优化农业生产环节,减少化肥使用,选择低碳农业发展模式等方式,恢复农田生态功能可以有效提高农田的固碳能力。[7]

2. 海洋碳汇

海洋作为地球生态系统中最大的碳库,是维持全球碳收支平衡和应对气候变

[1] Xiao D. R., Deng L., Kim D. G., et al. Carbon budgets of wetland ecosystems in China. *Global Change Biology*,2019,25(6):2061—2076.

[2] 许广月:《中国低碳农业发展研究》,载《经济学家》2010 年第 10 期,第 72—78 页。

[3] Wang Q. F., Zheng H., Zhu X. J., et al. Primary estimation of Chinese terrestrial carbon sequestration during 2001—2010. *Science Bulletin*,2015,60(6):577—590.

[4] 张国盛、黄高宝、YIN Chan:《农田土壤有机碳固定潜力研究进展》,载《生态学报》2005 第 21 期,第 351—357 页。

[5] 李晓燕、王彬彬:《四川发展低碳农业的必然性和途径》,载《西南民族大学学报》(人文社科版)2010 年第 1 期,第 103—106 页。

[6] 潘根兴、赵其国:《我国农田土壤碳库演变研究:全球变化和国家粮食安全》,载《地球科学进展》2005 年第 4 期,第 384—393 页。

[7] 李晓燕、王彬彬:《四川发展低碳农业的必然性和途径》,载《西南民族大学学报》(人文社科版)2010 年第 1 期,第 103—106 页。

化的关键。相较于陆地生态系统参与碳循环形成的"绿碳"，海洋碳库中由生物驱动且易于管理的那部分碳通量和储量被形象地称为蓝碳（Blue Carbon）。[1]红树林、海草床、滨海盐沼、大型海藻等作为典型的蓝碳生态系统，其碳汇能力和效率远高于其他生态系统，仅以传统的红树林、滨海盐沼、海草床组成的海岸带蓝碳生态系统为例，全球已探明的覆盖面积虽然仅有陆地生态系统的1.5%，其固碳增汇能力和效率却是陆地生态系统的10倍以上，而这一比例将随着大型藻类和珊瑚礁等碳汇潜力相关研究的深入进一步扩大。[2]

海洋的碳循环主要依赖"海—气"界面交换、沉积作用、陆源输入和与邻近大洋的碳迁移等重要过程，海洋碳库中的碳元素主要以溶解无机碳（DIC）、溶解有机碳（DOC）、颗粒有机碳（POC）、生物量等多种形态存在。学界普遍接受的海洋碳循环机制包括：[3]水体溶解泵（Solubility Pump，SP）、碳酸盐泵（Carbonate Pump，CP）、生物碳泵（Biological Pump，BP）和微型生物碳泵（Microbial Carbon Pump，MCP）。

具体而言，当大气中二氧化碳的分压大于海水的二氧化碳分压时，二氧化碳将通过物理溶解泵（SP）被动地从大气中进入海洋，并以溶解无机碳（DIC）的形式从海洋表层传输到海洋体系中，直到海水的分压大于大气时，海洋会再次向大气释放二氧化碳；海洋中的浮游生物通过光合作用消耗海水表层的 DIC，利用生物碳泵（BP）形成有机碳，这部分有机碳多以溶解有机碳（DOC）的形式存在，部分被细菌滤食再次转化为二氧化碳释放，部分以颗粒有机碳（POC）形式通过浮游动物的排泄物、死掉的浮游动植物残体等从上层海水向下沉降封存，这个过程会造成海水的二氧化碳分压减小，从而使二氧化碳继续从大气转移到海水；贝类、珊瑚礁等海洋生物则会通过海洋碳酸盐泵（CP）将海水中的碳元素吸收、转化并固定；水体中的 DOC 还可以通过海洋微生物碳泵（MCP）从可被利用的活性态转化为不可利用的惰性溶解有机碳（recalcitrant DOC，RDOC），从而长期封存。

---

〔1〕 Nellemann C., Corcoran E., Duarte C. M., et al. Blue carbon: the role of healthy oceans in binding carbon. United Nations Environment Programme, GRID-Arendal. 2009.

〔2〕 IPCC: IPCC special report on the ocean and cryosphere in a changing climate. Geneva: IPCC, 2019.

〔3〕 焦念志：《微生物碳泵理论揭开深海碳库跨世纪之谜的面纱》，载《世界科学》2019 年第 10 期，第 38—39 页。

　　全球至少 151 个国家包含一种蓝碳资源,71 个国家包含三种以上蓝碳资源,其中 20%—50% 已经遭到破坏或正在退化,据估计,退化的蓝碳生态系统每年释放出 10 亿吨二氧化碳,相当于全球热带森林砍伐排放的 19%,而恢复这些蓝碳资源及其生态系统可以为控制 2℃ 温升提供约 14% 的减排潜力。[1]我国海岸带面积 28 万平方千米,滨海湿地面积达 670 万平方千米,海洋生态类型丰富,具备发展海洋碳汇的优良条件。[2]据不完全估算,我国海岸带海洋碳汇生态系统生境总面积为 1 623—3 850 平方千米,碳储存量为每年 34.9—83.5 万吨。[3]近 20 年来,在我国持续加大修复力度的实践下,我国红树林面积增加 7 000 公顷,目前 55% 的红树林湿地纳入保护范围,远高于世界 25% 的平均水平。[4]

　　然而,大部分的海洋过程会受到气候变化和人为活动的影响,北极海冰融化和海洋升温加速导致海水热膨胀,增暖后的海水固碳能力将下降。而水体温度的升高更会导致海岸的“冲洗”机制被削弱,沿海水域自洁能力减弱;藻花和死水区增加,深海和海底生物的食物粒运输减少,海洋初级生产力降低,海岸泵作用消失。另外,海岸富营养化、填海造陆及海岸城市化等人类活动导致全球约三分之一的海草区域、约四分之一的盐沼区域、超三分之一的红树林区域均已消失。[5]截至 2019 年,全球超过 60% 的海洋生态系统已退化,沿海地区的红树林在 50 年内减少了 30%—50%,珊瑚礁面积减少了 20%。[6]我国蓝碳保护情况亦不容乐观,与 20 世纪 50 年代相比,我国红树林面积丧失了 60%,珊瑚礁面积减少了 80%,海草床绝大部分消失,海洋生态系统碳循环面临极大威胁。[7]

---

[1]　Hiraishi T., Krug T., Tanabe K., et al. 2013 Supplement to the 2006 IPCC guidelines for national greenhouse gas inventories: wetlands. Switzerland. IPCC, 2014.

[2]　范振林:《开发蓝色碳汇助力实现碳中和》,载《中国国土资源经济》2021 年第 4 期,第 12—18 页。

[3]　贺义雄:《开发利用好海洋固碳储碳功能》,载《中国自然资源报》2021 年 6 月 18 日,第 3 版。

[4]　经济日报—中国经济网:我国红树林面积 20 年增 7 000 公顷,http://www.ce.cn/xwzx/gnsz/gdxw/202006/08/t20200608_35076141.shtml。

[5]　联合国环境署、粮农组织、教科文组织政府间海洋学委会:《蓝碳:健康海洋对碳的固定作用——快速反应评估报告》,https://wenku.baidu.com/view/fcdc050303d8ce2f00662353.html。

[6]　中国发展简报:《科普|影响 70 亿人的“蓝碳”究竟是啥?》,http://www.chinadevelopmentbrief.org.cn/news-25504.html。

[7]　本刊特约评论员:《推动海洋碳汇成为实现碳中和的新力量》,载《中国科学院院刊》2021 年第 3 期,第 239—240 页。

（三）实现自然生态系统增汇的多重效益

1. 生态效益：生态环境稳定向好

生态系统增汇对气候变化有着重要影响，[1]通过推进天然林资源保护、退耕还林还草、海岸带生态保护和修复等重点生态增汇工程的实施，恢复和增加植被总量，自然生态系统碳吸收和贮存及氧气释放能力大幅提升的同时，有助于涵养水源，保持水土，抵消空气污染，打造健康完整的生态系统，提高生态系统的整体功能和综合效益。

2. 经济效益：建立绿色发展新格局

一方面，生态碳汇在发挥固碳功能的同时，也是重要的农业、林业、牧业发展的生产资料，每年可创造数千亿元的经济价值，并解决大量农牧民的就业问题。[2]另一方面，生态碳汇可以作为以自然生态系统保护为基础的生态产品，发展碳汇产业既有利于促进自然产品生产加工，推进生态产业化、产业生态化，也有利于健全生态产品价值实现机制，推动农业、林业、牧业等重点排放单位主动节能减排。且通过碳汇交易与生态补偿机制，建立生态效益平等、合理的贡献和产出补偿机制，降低生态系统增汇成本，形成经济型生态循环，促进生态与经济携手的绿色发展格局，推动实现绿色发展和高质量发展。

3. 社会效益：实现人与自然和谐共生

提高生态系统增汇能力，有利于保护生物多样性和生物栖息生存的环境。同时进行自然资源保护，共同塑造良好的人类生存环境。更重要的是，在保护生态环境的基础上，将绿色发展理念贯穿于乡村振兴全过程，推动生态环境修复、生态旅游建设等，符合其生态振兴发展理念。同时，发展生态碳汇扶贫项目，建设碳汇产业扶贫项目，推动区域传统农牧业经济转型，促进贫困户就近就业和技术培训，实现以生态扶贫夯实乡村脱贫致富的可持续发展根基，增强贫困地区的可持续发展能力，促进人与自然的和谐发展。

---

[1] Andrei Lapenis et al. Acclimation of Russian forests to recent changes in climate. *Global Change Biology*, 2005, 11(12): 2090—2102.

[2] 王莉、陆文超：《草地：不容小觑的绿色碳库》，载《中国矿业报》2021年第8期，第3页。

二、 人与自然的和解

（一）我国自然生态系统增汇相关实践

近些年,我国因地制宜开展了大量陆地生态系统保护,提升生态系统碳汇增量效果显著。其中,增加林草碳汇是世界各国应对气候变化的重要举措,也是我国国家自主贡献目标的重要内容。因地制宜开展科学绿化,持续增加林草面积,稳步提高森林、草地质量,着力提升森林、草原、湿地的碳贮存和碳吸收能力。2016—2020 年间,我国完成造林种草面积 7.48 亿亩,森林面积和蓄积面积连续 30年保持双增长。三北防护林、天然防护、退耕还林还草、退牧还草等重点工程深入实施。截至 2018 年,仅三北防护林建设工程区森林面积净增加 2 156 万公顷,森林覆盖率由 5.05%提高到 13.57%。三北工程森林生态系统固碳累计达到 23.1 亿吨,相当于 1980 年至 2015 年全国工业二氧化碳排放总量的 5.23%。[1]在《天然林保护修复制度方案》的指导下,截至 2019 年中央财政对天保工程的总投入已经超过 4 000 亿元,天保工程累计完成公益林建设任务 2.75 亿亩、后备森林资源培育 1 220 万亩、中幼林抚育 2.19 亿亩,全国 19.44 亿亩天然林得以休养生息。[2]

同时,我国继续深入对湿地生态系统碳汇功能的探索。仅 2016—2020 年,针对湿地保护我国中央投资 98.7 亿元,实施湿地保护与修复项目 53 个,新增湿地面积 20.26 万公顷。[3]实施湿地生态效益补偿补助、退耕还湿、湿地保护与恢复补助项目 2 000 余个,全国湿地保护率达到 50%以上。我国还印发了《国家重要湿地认定和名录发布规定》,发布《2020 年国家重要湿地名录》29 处。各省发布省级重要湿地 142 处,目前全国共有 23 个省(自治区、直辖市)发布省级重要湿地811 处。[4]

〔1〕 中国政府网:《三北工程区生态环境明显改善》,http://www.gov.cn/xinwen/2018-12/25/content_5351827.htm。

〔2〕 国家林草局:《天然林保护工程实施以来中央财政投入超四千亿元》,https://www.thepaper.cn/newsDetail_forward_3315920。

〔3〕 国家林业和草原局政府网:《"十三五"期间我国新增湿地 20.26 万公顷》,http://www.forestry.gov.cn/main/586/20210203/075015165840332.html。

〔4〕 国家林业和草原局政府网:《"十三五"我国投资近百亿元保护湿地》,http://www.forestry.gov.cn/main/142/20210206/173655459237370.html。

而早在 2010 年，我国已启动大规模的海洋生态修复工作。2010—2017 年中央财政支持沿海各地实施 270 余个海域、海岛和海岸带生态整治修复和保护项目。截至 2017 年底，全国累计修复滨海湿地 4 100 平方千米，包括红树林、海草床、滨海沼泽等具有碳汇功能的海岸带湿地生境，切实提高了我国海洋生态系统的碳汇潜力。[1]目前，我国已建立并不断完善红树林保护国家法律制度体系，自然资源部、国家林业和草原局正式印发《红树林保护修复专项行动计划（2020—2025 年）》，明确对浙江省、福建省、广东省、广西壮族自治区、海南省现有红树林实施全面保护。[2]

专栏 8-1

国外自然资源碳汇建设与交易典型项目

1. 海洋碳汇：马达加斯加"保护红树林"（Tahiry Honko）计划

马达加斯加自 2018 年起联合 OCTO（世界海洋交流大会）在西南部海洋沿岸地区开展"保护红树林"（Tahiry Honko）计划。截至 2020 年底，该地区已种植保护超过 12 平方千米红树林，每年固碳量超过 1 300 吨，在自愿碳汇市场中，其碳减排量交易额达到 2.7 万美金/年，持续的交易收入对红树林保护起到了重要促进作用。

2. 湿地碳汇：美国 BWM 计划

2015 年，美国 Waquoit 湾研究保护启动 BWM 计划（Bringing Wetlandsto Market，将湿地带入市场），并发布了美国首个湿地固碳量销售工具包与指南。通过该指南中提出的湿地修复项目市场准入标准、湿地碳市场交易协议与用于湿地潜在碳储量的预测模型工具，测算出 Waquoit 湾 Herring 流域湿地修复项目有 8.5 万吨潜在的减排量，并以不低于 10 美元/吨在美国碳自由交易市场中出售，为当地湿地修复带来新的资金支持。

3. 草地碳汇：澳大利亚资源减排基金

澳大利亚建立了自愿性的减排基金，旨在鼓励农民和土地所有者创新方法

---

[1] 范振林：《开发蓝色碳汇助力实现碳中和》，载《中国国土资源经济》2021 年第 4 期，第 12—18 页。
[2] 国家林业和草原局政府网：《自然资源部 国家林业和草原局印发〈红树林保护修复专项行动计划（2020—2025 年）〉》，http://www.forestry.gov.cn/main/586/20200828/143227685406582.html。

和技术来减少温室气体排放,并开发了牧草地中的土壤碳核证的基本方法学。政府培育的碳市场于 2012 年正式启动,联邦政府通过了碳信用法案,成为全球同类法规中唯一允许农民和土地管理者通过草地碳汇来赚取和出售碳信用的法案。农牧民应证明其通过草种更新、改变放牧模式和放牧率、提供有机肥、改变草地灌溉等新的管理措施提高了草地固碳量,且必须保存土壤碳至永久性期限结束,一般为 25 年或 100 年。

资料来源:全球新能源网、北极星大气网等。

(二) 我国自然生态系统增汇的现实挑战

尽管目前我国生态系统增汇工作取得了相应成效,但作为系统性长远性的工程,仍有问题不断出现,保护修复任务仍面临艰巨挑战。一方面,人类生产生活的开发导致森林、草地、湿地等自然生态空间挤占严重;另一方面,部分区域生态退化问题依然突出,生态系统脆弱。

具体来看,在陆地生态系统碳汇扩增工作中,虽然我国林草总面积逐年上升,但土地辽阔,跨度较大的地理空间环境导致区域间地形和气候存在很大的差异,林草资源空间分布差异较大。西北地区森林资源覆盖率尚不足 1%。[1]同时,还存在资源被过度开发等遗留问题。尽管近几年来系列植被恢复措施成效显著,但诸如森林、草场破坏、过度放牧、资源确权难、保护意识弱等现实问题仍尚待解决。

我国海洋生态碳汇扩增同样面临着严峻的挑战,短期内海洋生态系统退化、破坏等问题仍未能有效处理。且近岸局部区域污染问题突出,如近来备受国际关注的微塑料与海洋垃圾。我国作为塑料生产的大国,塑料垃圾的治理是海洋生态环境保护的重要任务之一。更重要的是,目前就海洋生态和污染问题尚未形成全面且准确的认知,导致在开发沿海地区时,新型问题不断出现。

此外,目前我国碳汇交易市场机制不健全,碳汇交易需求侧动力不足。现阶段碳汇交易缺乏国家层面的法律保障。首先,公允、便利的第三方评估标准与机制尚不完善,碳汇核证签发难度大,碳汇交易供求不匹配。其次,碳汇与碳排放配

---

[1] 毕明辉:《新形势下森林保护存在的问题与解决对策》,载《中国林副特产》2021 年第 4 期,第 99—101 页。

额抵消协调机制尚不完善,尽管全国碳市场允许国家核证减排量(CCER)可以通过抵消机制参与碳交易,但在碳配额相对宽松,CEER准入严格的背景下,碳汇生态产品需求空间不足。当配额市场碳价格低于碳汇市场时,就会对碳汇交易形成替代效应。[1]最后,碳汇市场产品创新缺乏,交易活跃度不够,其主要通过现货交易用于碳市场参与企业履约,购买主体单一,缺少金融衍生品的应用,产品流动性和市场金融属性不足,且目前碳汇项目生成面临整合成本高、难度大等现实阻碍,项目启动建设、资金投入、自然灾害等问题缺乏信贷、保险等配套服务支持。

(三)"碳中和"愿景下自然生态系统增汇的策略选择

1. 完善顶层设计,推进生态市场建设

首先,应该确立国家层面的自然生态系统增汇的战略决策。针对森林、草地、湿地、农田、海洋等自然生态资源,坚持以"整体保护优先、自然恢复为主、科学人工干预"为原则,以"提高生态系统自我修复能力和碳汇水平"为目标的碳汇市场建设思路。其次,应该尽快形成自然生态系统增汇整体方案。兼顾生态系统的完整性、稳定性及经济社会发展的可持续性,加强森林生态系统碳汇功能,挖掘湿地和海洋生态系统增汇潜力,保护修复草地和耕地生态系统,实现生态系统固碳效能的最大化。最后,完善相关顶层设计和制度保障。一方面,加快自然资源调查、确权登记、生态资产核算、有偿使用与生态补偿的完整链条。另一方面,建立健全包括产权、技术、核算、交易、投资等相关制度体系,保障自然生态系统碳汇市场的良性有效运行,探索碳汇市场与碳交易市场相互链接协同发展的相关机制。其中,2019年发布的《统筹推进自然资源资产产权制度改革的指导意见》为优化自然资源确权和资产运营的政策环境提供了良好的制度保障。应尽快在法律层面对包括自然资源及其生态系统产生的碳汇的所有权、使用权、收益权和转让权的归属、分割和流转等问题进行明确界定。

2. 筑牢科技支撑,建立健全标准体系

首先,应加强生态保护与修复领域相关基础研究与关键技术攻关。通过重点实验室的建设加强相关基础设施和研发平台投入,鼓励技术创新,营造良好的创新环境和生态;加快新技术推广、科研成果转化,促进理论研究在增汇实践中的应

---

〔1〕 黄可权、蓝永琳:《林业碳汇交易机制与政策体系》,载《中国金融》2019年第1期,第77—78页。

用;健全科技服务平台和服务体系,培育发展生态保护和修复产业。其次,需加强数据资源共享,完善生态系统碳计量方法和手段,建立国家水平的碳计量方法学体系,建立健全生态碳汇、生态保护和修复等标准体系建设。在综合考虑增汇的生态价值、经济回报与实施可行性及社会制度公平等多方面问题基础上,制定建设全情景的生态系统增汇标准体系。最后,完善生态资源调查与动态监测体系,提高生态碳汇保护和修复的调查、监测、评价及预警能力。掌握重要自然资源的数量、质量、分布、权属、保护和开发利用状况,及时跟踪掌握各类自然资源变化情况。与此同时,加快国内碳汇方法学的研究和审核工作,尽快建立并完善能够覆盖全部生态系统类型的方法学体系,形成系统完备以及获得广泛国际共识的碳汇项目的监测、报告、核查规范和认证标准;研究建立自然资源资产核算和管理台账制度,开展实物量统计,探索价值量核算,编制自然资源资产负债表,建立统一权威的资源监测、报告、核算评价信息发布和共享机制。

3.善用市场机制,开发优质案例示范

发挥政府在前期市场培育的过程中的重要作用,通过制度创新和管理创新,引导更多的企业和社会公众进入生态投资领域,带动更多的生态产品供给和消费,增强生态资本的融资功能。同时,加大碳汇项目试点示范,为形成合理的投资预期提供优质案例。示范项目有利于积累有关成本、收益和风险方面的经验,验证项目开发运营的技术可行性和经济可行性,相关案例研究有助于建立投资者信心,提供动员私人和公共投资以及加快监管框架调整所需的证据支持。因而,有必要加快推进和扩大碳汇示范项目建设和相关案例研究,形成相关示范项目案例库,收集整合有关生物地球化学循环、项目运营管理和经济社会影响等方面数据,生成项目的碳生产函数,为项目成本收益和投资风险预测提供决策模型。

4.提高公众参与,引领绿色时代潮流

加大宣传力度,增强公众对气候变化、生态修护及生态系统固碳的认知,倡导低碳行动。通过舆论引导形成全社会关注生态碳汇固碳减排的良好氛围,引导有社会责任感的企业及社会力量支持当地生态碳汇发展。在应对气候变化的新形势下,通过互联网平台、自媒体等多种形式,引导公民参与植树造林、碳汇捐赠、海洋污染治理等活动,或通过互联网平台轻松快捷地履行植树义务以抵消碳足迹,塑造全民减碳意识,引领绿色时代潮流。

第九章

碳捕集利用封存技术与应用

碳捕集利用封存技术在"碳达峰、碳中和"目标的实现中占据了重要地位。许多研究都指出，要想控制住全球二氧化碳排放和温度上升的趋势，一系列负排放技术的发展与应用必不可少。本章为读者介绍了主要的工业碳捕集利用封存技术的概念、发展、潜力与当前应用现状，分析了不同技术在实现"碳中和"目标中的重要作用、各自的优势与局限，以及在世界和我国的发展情况。

一、碳捕集、利用与封存（CCUS）[1]

（一）CCUS 的概念与意义

1. 什么是 CCUS?

CCUS，即 Carbon Capture，Utilization and Storage，顾名思义，是人工捕获二氧化碳并进行进一步封存或者利用的技术。它是在传统的二氧化碳捕集与封存（CCS）的基础上加入了"利用"这一环节，而形成的最新技术理念。早在 20 世纪 70 年代，国外就已经开始对碳捕集技术进行相关的研究。到今天为止，CCUS 技术已经走过了近 50 年的发展史，日益趋向成熟。

---

[1] 目前对于 CCUS 是否属于负排放技术仍存在一定争议，部分学者认为 CCUS 仅在部分应用情景中能够实现负排放，有关负排放的概念界定也相对模糊。但从 IPCC 和 IEA 关于负排放概念的使用可以看出，负排放强调"排放移除"，作者认为如果将本书介绍的 CCUS 三种碳捕集方法进一步还原到技术细节，依然符合"排放移除"。因此，本书将 CCUS 作为是构建负排放体系的关键技术之一进行相关描述。

2. CCUS 与"碳中和"

CCUS 技术对于减少碳排放、实现"碳中和"目标的意义,已经有许多机构进行了详尽的评估。2014 年,政府间气候变化专门委员会(Intergovernmental Panel of Climate Change,IPCC)发布的第五次评估报告指出:如果没有 CCUS,绝大多数气候模式都不能实现其减排目标。[1]2018 年,其关于全球升温 1.5 ℃的特别报告进一步指出,CCUS 技术可有效改善全球气候的变化,几乎所有情景都需要其参与才能将全球温升控制在 1.5 ℃内。[2]CCUS 的重要性已经取得了广泛共识。

对于 CCUS 技术需要发挥的减排贡献,以 IPCC 为代表的一些机构给出了相应的预测。IPCC 关于全球升温 1.5 ℃的特别报告认为,2030 年的 CCUS 减排量为 1—4 亿吨每年,2050 年则要达到 30—68 亿吨每年。[3]而在国际能源署(International Energy Agency,IEA)的 2050 年全球能源系统净零排放情景下,到 2030 年和 2050 年,全球年二氧化碳捕集量分别将达到 16.7 亿吨和 76 亿吨。[4]根据国际可再生能源机构(International Renewable Energy Agency,IREA)的预测,到 2050 年时 CCUS 的年减排量将达到 27.9 亿吨。[5]在国内亦有一些相关的预测,例如中国 21 世纪议程管理中心估计,到 2050 年,CCUS 技术可提供每年 11—27 亿吨二氧化碳规模减排贡献。[6]虽然数值有所差异,但这些结果都表明,CCUS 技术在"碳中和"目标的实现中扮演着重要角色。

(二) CCUS 技术概述

1. 碳捕集

碳捕集是 CCUS 技术中的第一个环节,是将工业生产、能源利用等过程中产

〔1〕　IPCC:《第五次评估报告》,https://www.ipcc.ch/languages-2/chinese/publications-chinese/。

〔2〕〔3〕　IPCC:《全球升温 1.5 ℃特别报告》,https://www.ipcc.ch/site/assets/uploads/sites/2/2019/09/IPCC-Special-Report-1.5-SPM_zh.pdf。

〔4〕　国际能源署:《到 2050 年实现净零排放:全球能源部门的路线图》,https://www.iea.org/reports/net-zero-by-2050。

〔5〕　国际可再生能源机构:《全球可再生能源展望:能源转型 2050》,https://www.irena.org/publications/2020/Apr/Global-Renewables-Outlook-2020。
　　　　国际可再生能源机构:《使用可再生能源实现零排放》,https://www.irena.org/publications/2020/Sep/Reaching-Zero-with-Renewables。

〔6〕　《双碳目标下碳捕集封存技术这样破局突围》,载《科技日报》2021 年 6 月 11 日,第 2 版。

生的二氧化碳分离出来的过程。根据技术流程的不同,碳捕集技术主要可以分为燃烧前捕集、燃烧后捕集和富氧燃烧三种。

燃烧前捕集主要是利用煤气化和重整反应,将化石燃料转化为以氢气和一氧化碳为主要成分的水煤气,再将一氧化碳转化为二氧化碳并分离出来。根据分离二氧化碳方式的不同,燃烧前捕集又可细分为物理吸收法、化学吸附法、变压吸附法、低温分馏法等。到目前为止,只有物理吸收法已经进入了商业应用阶段,其余方法大多停留在中试阶段或工业示范阶段。燃烧前捕集技术的优点是低成本、高效率,然而,这一技术的问题常常局限于基于煤气化联合发电装置。

燃烧后捕集技术是从燃烧后的烟气中分离出二氧化碳的技术。由于烟气中二氧化碳分压较低、含量较少,因此捕集的相对成本较高。然而,由于这一捕集方式仅仅只是增设捕集设备,不需要改变燃烧方式,因此是目前最为成熟、使用最广泛的技术。常用的燃烧后捕集方法包括化学吸收法、化学吸附法、膜分离法、物理吸附法等。其中,化学吸收法在国外已经进入了商业化应用阶段。

富氧燃烧技术则是在富氧条件下燃烧化石燃料,燃烧后的主要产物为二氧化碳和水等,在冷凝水蒸气后,通过低温闪蒸即可提纯并分离出二氧化碳。这一技术的优点在于产生的二氧化碳浓度较高,容易捕获,因此潜力较大。富氧燃烧的方法主要包括常压、增压、化学链三种,其中常压富氧燃烧已经进入工业试点阶段,而另外两种技术还停留在基础研究或中试阶段。

2. 碳利用

碳利用是指将捕集得到的二氧化碳进行资源化利用的过程。在 CCUS 技术中,主要的二氧化碳利用方式包括地质用途、化工用途和生物用途等。

碳利用中的地质用途与二氧化碳的地质封存相伴而生。在将捕集的二氧化碳注入地下时,在特定情况下可以起到促进能源和资源开采的作用。其中,最为典型的应用是二氧化碳的强化采油技术(Enhanced Oil Recovery, EOR)。这一技术将捕集的二氧化碳注入油田中,可以使即将枯竭的油田再次开采出石油,同时将所有的二氧化碳永久贮存在地下。二氧化碳驱油的主要原理是降低原油粘度、增加原油内能,从而提高原油流动性并增加油层压力。[1]这一方法具有利用和封存的双重作用。国内外的许多石油公司都采用 EOR 技术封存了大量二氧化碳。相类似的二氧化碳地质用途还有天然气增产开采(EGR)、深层煤层气回收(CBM)

---

[1] 赵志强、张贺等:《全球 CCUS 技术和应用现状分析》,载《现代化工》2021 年第 4 期,第 5—10 页。

等技术,地热、铀矿等能源和资源也可以通过类似技术进行开采。

化工用途则是通过化工工艺,利用高纯度二氧化碳生产特定的化工产品。例如,目前已有的利用方式包括重整制备合成气、制备液体燃料、合成甲醇、制备烯烃等。然而,到目前为止,这些技术大多还处于基础研究阶段。

生物用途则主要有微藻利用和气肥利用两种。微藻生长周期短、光合效率高,可有效固定二氧化碳并最终转化为液体燃料和其他化学产品等,这一技术目前已经到了中试阶段;气肥利用则是将捕集到的高纯度二氧化碳注入温室中,用以提高植物的光合速率,促进植物生长。我国具有世界上面积最大的温室大棚,因此气肥利用虽然还处于早期的理论研究阶段,但其前景可观。

3. 碳封存

碳封存是指将捕集的二氧化碳注入地球深处进行封存,避免其释放进入大气中,从而减缓气候变化。碳封存的主要方法有陆地封存和深海封存两种。根据相关估计,全球陆地碳封存的理论容量为 6—42 万亿吨,而深海碳封存的理论容量为 2 万亿—13 万亿吨。[1]

陆地封存是碳封存的主要形式。陆地封存二氧化碳的原理是,当达到一定地质深度(800—1 000 米)时,超临界的二氧化碳密度如液体一般,为进行地质封存提供了条件。[2]封存二氧化碳的主要地层包括不可采煤层、深部咸水层和枯竭油气藏等。其中,枯竭油气藏由于构造完整、有前期的勘探基础,因此适合作为碳封存的早期地点;而深部咸水层是陆地碳封存的主要容量来源,因此从长期来看适合作为陆地碳封存的主要场所。

深海封存是碳封存的另一种重要形式。海洋是世界上最大的碳库,因此利用海洋来进行碳封存也是一种可行的做法。常见的深海碳封存方式有两种:第一种是将压缩后的二氧化碳气体通过固定管道或船只注入深海中,在深海的压力下可以实现二氧化碳的封存;另一种方式是将二氧化碳注入海底的沉积层中,将二氧化碳封存在沉积层的空隙水下。然而,海洋封存会对海洋生态系统产生怎样的影响,仍然是一个正在研究的问题。

---

〔1〕　生态环境部环境规划院、中国科学院岩土力学研究所等:《中国二氧化碳捕集利用与封存(CCUS)年度报告(2021)——中国 CCUS 路径研究》,http://www.caep.org.cn/sy/dqhj/gh/202107/W020210726513427451694.pdf。

〔2〕　IPCC:《二氧化碳捕获和封存特别报告》,https://www.ipcc.ch/report/carbon-dioxide-capture-and-storage/。

（三）CCUS 的工程应用与实践

1. 国际 CCUS 项目进展

为应对全球气候变化，国外从 20 世纪 70 年代开始就展开了 CCUS 项目的相关研究。进入 21 世纪以来，由于气候变化问题逐渐严峻，CCUS 项目也受到越来越多的重视。全球碳捕集与封存研究院发布的报告 Global Status of CCS 2020 显示，截至 2020 年底，世界上一共有 65 个商业 CCUS 设施，其中 26 个正在运行。目前正在运行中的 CCUS 设施每年可捕集和永久封存约 4 000 万吨二氧化碳。此外，另有 34 个试点和示范规模的设施正在运行或开发中，还有 8 个 CCUS 技术测试中心。[1]26 个正在运行的商业 CCUS 项目主要分布在美国，少数分布在加拿大、中国、挪威等国家（如表 9-1 所示）。

表 9-1　世界主要 CCUS 项目概况

设施名称	国家	投运时间	行　业	捕集能力（万吨每年）
Terrell Natural Gas Processing Plant（formerly Val Verde Natural Gas Plants）	美国	1972 年	天然气处理	40
Enid Fertilizer	美国	1982 年	化肥生产	20
Shute Creek Gas Processing Plant	美国	1986 年	天然气处理	700
Sleipner CO_2 Storage	挪威	1996 年	天然气处理	100
Great Plains Synfuels Plant and Weyburn-Midale	美国	2000 年	合成天然气	300
Core Energy CO_2-EOR	美国	2003 年	天然气处理	35
中石化中原油田碳捕集与封存项目	中国	2006 年	化工生产	12
Snøhvit CO_2 Storage	挪威	2008 年	天然气处理	70
Arkalon CO_2 Compression Facility	美国	2009 年	乙醇生产	29
Century Plant	美国	2010 年	天然气处理	500
Bonanza BioEnergy CCUS EOR	美国	2012 年	乙醇生产	10
PCS Nitrogen	美国	2013 年	化肥生产	30
Petrobras Santos Basin Pre-Salt Oil Field CCS	巴西	2013 年	天然气处理	460

---

[1]　全球碳捕集与封存研究院：《2020 年全球碳捕集与封存进展》，https://www.globalccsinstitute.com/resources/global-status-report/。

（续表）

设施名称	国家	投运时间	行　业	捕集能力（万吨每年）
Coffeyville Gasification Plant	美国	2013 年	化肥生产	100
Air Products Steam Methane Reformer	美国	2013 年	制氢	100
Boundary Dam Carbon Capture and Storage	加拿大	2014 年	发电	100
Uthmaniyah CO_2-EOR Demonstration	沙特阿拉伯	2015 年	天然气处理	80
Quest	加拿大	2015 年	制氢油砂升级	120
克拉玛依敦化石油 CCUS EOR	中国	2015 年	化工生产甲醇	10
Abu Dhabi CCS（Phase 1 being Emirates Steel Industries）	阿联酋	2016 年	钢铁制造	80
Illinois Industrial Carbon Capture and Storage	美国	2017 年	乙醇生产	100
中石油吉林油田 CO_2 EOR	中国	2018 年	天然气处理	60
Gorgon Carbon Dioxide Injection	澳大利亚	2019 年	天然气处理	400
Qatar LNG CCS	卡塔尔	2019 年	天然气处理	210
Alberta Carbon Trunk Line（ACTL）with Nutrien CO_2 Stream	加拿大	2020 年	化肥生产	30
Alberta Carbon Trunk Line（ACTL）with North West Redwater Partnership's Sturgeon Refinery CO_2 Stream	加拿大	2020 年	石油精炼	140

资料来源：全球碳捕集与封存研究院：《2020 年全球碳捕集与封存进展》。

2. 中国 CCUS 项目进展

与国外相比，我国的 CCUS 相关研究起步较晚，从 2006 年才开始陆续出台相关政策，因此发展也较为缓慢。生态环境部环境规划院等单位在 2021 年发布的《中国二氧化碳捕集利用与封存（CCUS）年度报告（2021）》显示，我国已经投入运行或正在建设的 CCUS 示范项目约 60 个，捕集能力约为 400 万吨每年。[1]这些项目以石油、煤化工、电力行业小规模的捕集驱油示范为主，缺乏大规模的、多种

[1]　生态环境部环境规划院、中国科学院岩土力学研究所等：《中国二氧化碳捕集利用与封存（CCUS）年度报告（2021）——中国 CCUS 路径研究》，http://www. caep. org. cn/sy/dqhj/gh/202107/W020210726513427451694. pdf。

技术组合的全流程工业化示范项目。

虽然目前的发展水平尚显不足，但从整体上来看，我国已具备大规模捕集利用与封存二氧化碳的工程能力，项目试点进展速度较快，也逐渐产生了一些捕集规模较大、全流程的示范项目。例如，我国 2018 年投入运行的中石油吉林油田 EOR 项目是亚洲最大的 EOR 项目，累计封存二氧化碳超 200 万吨；中国石化也在 2021 年 7 月宣布，启动我国第一个百万吨级 CCUS 项目建设——齐鲁石化—胜利油田 CCUS 项目，预计未来 15 年可累计封存二氧化碳 1 068 万吨，可实现增油 296.5 万吨。[1]

专栏 9-1

齐鲁石化—胜利油田 CCUS 项目

2021 年 7 月 5 日，我国首个百万吨级 CCUS 项目——齐鲁石化—胜利油田 CCUS 项目在山东省正式开工建设。该项目的目的，是将齐鲁石化在生产活动中排放出的二氧化碳，跨越上百公里后运输到胜利油田进行强化采油，同时将这些二氧化碳气体封存在地下，以实现对二氧化碳的捕集、利用和封存。预计在未来 15 年，可累计注入二氧化碳气体 1 068 万吨，可实现石油增产近 300 万吨。这一项目预计在 2021 年底建成投产，在建设后将成为我国最大的 CCUS 全产业链示范基地。

资料来源：新华社、《大众日报》《中国化工报》等。

（四）CCUS 技术展望

1. 我国 CCUS 面临的挑战

尽管起步较晚，但我国 CCUS 技术在近年来取得了长足进步，一系列试点项目也正在逐渐投入运行。然而，我国 CCUS 发展中还有一些亟待解决的重要挑战。

---

[1] 生态环境部环境规划院、中国科学院岩土力学研究所等：《中国二氧化碳捕集利用与封存（CCUS）年度报告（2021）——中国 CCUS 路径研究》，http://www.caep.org.cn/sy/dqhj/gh/202107/W020210726513427451694.pdf。

最主要的挑战是经济层面上的。对于 CCUS 项目而言，无论是建设成本还是运行成本，都是一笔不菲的数字。例如，亚洲开发银行估计，在燃煤电厂中引入碳捕集与封存技术，将使得电厂的基本建设成本增加 25%—90%；同时电厂的运营支出将增加 5%—12%。[1]另有研究估算，CCUS 的减排成本，在 2030 年时约为 40—50 元每吨，2060 年时也有 20—25 元每吨。然而，在现有的政策条件下，CCUS 项目的收益尚不明显，企业缺乏进行 CCUS 投资的激励。巨大的经济成本，是 CCUS 发展中的主要障碍。[2]

专栏9-2

我们从 Petra Nova 项目中可以学到什么？

2020 年 5 月，位于美国得克萨斯州的 Petro Nova 碳捕集项目关停。在这之前，作为世界上 28 个已经运行的大型商业 CCUS 项目之一，Petro Nova 项目每年可以实现 140 万吨的碳捕集量。作为一个商业 CCUS 项目，Petro Nova 项目通过 EOR 来维持运营。业界估算，只有当每桶石油的价格高于 60 美元时，这一项目才能实现收支平衡。遗憾的是，在 2019 年的大部分时间里，得克萨斯州的石油价格均低于这一数值。因此，在 2020 年 5 月，这一世界闻名的 CCUS 项目只好暂停运营。

资料来源：NS Energy、国际能源署。

第二个挑战是环境层面上的。CCUS 技术会带来一定的额外环境成本和环境风险，例如，CCUS 项目的运行，尤其是在捕集二氧化碳的过程中，会产生大量能耗，从而导致排放的增加。此外，运行时可能的二氧化碳泄露、施工不当、材料管理不当等可能产生额外的环境风险；在进行陆地封存和深海封存时也存在环境风险，可能会对自然生态系统造成未知的影响和破坏。

---

[1] 亚洲开发银行：《中国碳捕集与封存示范和推广路线图》，https://www.adb.org/sites/default/files/publication/179015/roadmap-ccs-prc-zh.pdf。

[2] 生态环境部环境规划院、中国科学院岩土力学研究所等：《中国二氧化碳捕集利用与封存（CCUS）年度报告（2021）——中国 CCUS 路径研究》，http://www.caep.org.cn/sy/dqhj/gh/202107/W020210726513427451694.pdf。

第三个挑战则是政策层面上的。我国从 2006 年开始，虽然出台了系列指导 CCUS 技术发展的相关政策，但总体来看，该领域的法律法规和政策系统尚不完善。例如，CCUS 项目从审批到运营的各个环节，都还缺乏专门的审批标准和管理规定，这是 CCUS 进一步发展面临的阻碍之一。

最后一个挑战则是技术层面上的。我国的 CCUS 技术仍然处在起步阶段，无论是捕集技术、利用技术还是封存技术，正式投入商业化运营的仍然较少，相关技术比起世界领先水平仍有差距。此外，对于大规模、全流程的 CCUS 项目建设，我国也缺乏相关的技术经验。

2. 当下我国 CCUS 发展的重要任务

到目前为止，CCUS 技术仍然蓬勃发展。在我国当下"碳达峰、碳中和"的大背景下，CCUS 的发展正面临着几项重要任务。

首先，需要明晰面向碳中和目标的 CCUS 发展路径。一方面，完整的面向碳中和的 CCUS 技术体系的构建对其后续发展非常重要，有助于形成系统化的、能更好支撑碳中和目标实现的体系。另一方面，当前不仅要讨论实现碳中和目标时 CCUS 需要发挥的作用，还需要考虑从当前迈向碳中和目标过程中 CCUS 的发展路径，这对于当下来说至关重要。

其次，需要完善 CCUS 发展的政策支撑环境。"碳中和"目标的提出已经明确了 CCUS 未来的作用和定位，接下来，还需要在相关的支持政策中明确和细化如何为 CCUS 发展提供稳定的政策支持，特别是找准政策发力点。此外，CCUS 项目的实施目前缺乏行政审批与监管体系，也没有统一的规范与标准，需要创建或更新相关标准规范以支撑 CCUS 的快速发展。

最后，需要进一步开展大规模 CCUS 工程示范项目。我国 CCUS 技术发展起步较晚、发展较慢，到目前为止仅有很少的百万吨级项目。而面对中国百亿吨的碳排放和未来的"碳中和"目标，需要更大规模的全流程 CCUS 项目，因此亟需开展大规模的 CCUS 示范工程。

二、 生物质能 + 二氧化碳捕集与封存（BECCS）

（一） BECCS 的概念与发展

生物质能 + 碳捕集与封存（BECCS）技术是一项结合了生物质能生产和二氧化碳捕集与封存（CCS）的负排放技术。如图 9-1 所示，这一技术可以通过植物的光合作用,将大气中的二氧化碳转化为有机物,并以生物质能的形式将能量积累存储下来,这部分生物质则可以通过燃烧或化学合成等方式加以利用。

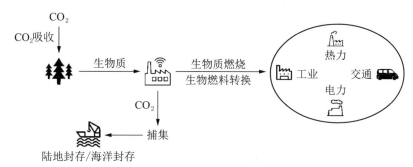

资料来源:全球碳捕集与封存研究院:《2019 年 BECCS 展望》;作者在原文基础上进行了重新绘制。

图 9-1　BECCS 概念示意图

BECCS 是近几年来新兴的一个负排放概念。2001 年,来自瑞典和奥地利的几位学者首次提出了 BECCS 技术的概念和在减缓全球气候变化中的潜力。同一时期,美国的一些学者也提出了类似的概念。之后的几年里,在诸多学者的推动下,BECCS 逐渐得到重视,到 2005 年时,IPCC 将 BECCS 纳入关于 CCS 的特别报告中。此后,由于 BECCS 的巨大减排潜力,许多的气候模型都将 BECCS 纳入考虑中,BECCS 由此得到了深入研究,并被认为是负排放技术中的一个重要组成部分。

(二) BECCS 技术的减排潜力与优势

BECCS 的减排潜力相当可观。根据 IEA 的估计,在 2070 年之前,BECCS 技术可能会完成累计 450 亿吨二氧化碳的负排放。[1]而全球碳捕集与封存研究院在 2019 年针对 BECCS 的报告则估计,预计到本世纪末时,BECCS 的二氧化碳减排量可以达到每年 33 亿吨。[2]

与其他类型的负排放技术相比,BECCS 技术有着一些自身特有的优势:首先,BECCS 技术有着广泛的应用情景,发电厂、生物质炼油厂等均可应用 BECCS 来实现二氧化碳负排放。尤其重要的是,从短期来看,二氧化碳的零排放难以做

〔1〕 国际能源署:《能源技术展望 2020》,https://www.iea.org/reports/energy-technology-perspectives-2020。

〔2〕 全球碳捕集与封存研究院:《2019 年 BECCS 展望》,https://www.globalccsinstitute.com/wp-content/uploads/2019/03/BECCS-Perspective_FINAL_PDF.pdf。

到，许多行业仍将排放大量的二氧化碳，而 BECCS 这种负排放技术在实现减排的同时，在一定程度上也可以兼顾经济的发展。对于许多的发展中国家而言，虽然要考虑低碳排放，但工业发展和经济增长也是不可忽视的因素，而 BECCS 技术可以兼顾减排与发展的关系，在一定程度上减少了这方面的顾虑。

（三）BECCS 技术的局限性和未来展望

BECCS 技术将生物质能与二氧化碳捕集、利用和封存结合起来，具有其自身的技术优越性，有望成为实现"碳中和"这一目标的有力技术手段。但作为一种具有相当潜力的负排放技术，BECCS 的局限性也同样明显：BECCS 技术对大气中二氧化碳的吸收，主要依赖于植物进行光合作用并生成生物质燃料。然而，对植物的依赖导致其成本相当高昂，这是主要的局限所在。利用这一技术手段除去大气中的二氧化碳，对土地、化肥、水源和资金等都有着巨大的需求。

全球碳捕集研究院最新发布的报告显示，若要通过 BECCS 技术达到既定的减排目标，需要投入 3 亿—7 亿公顷的土地，约占全球土地面积（18.3 亿公顷）的 16.4%—38.3%。此外，虽然根据产业部门而有所差异，但使用 BECCS 技术时每吨二氧化碳的减排成本大约为 15—400 美元。[1] 考虑到 BECCS 技术对耕地、水、化肥等资源的需求，在推行 BECCS 时必须衡量其应用规模、土地资源、水资源、粮食需求、生物多样性等之间的相互关系。尽管如此，BECCS 技术将生物质能与二氧化碳捕集、利用和封存结合起来，具有其自身的技术优越性，有望成为实现"碳中和"这一目标的有力技术手段。

相比于 CCUS 技术，BECCS 技术的概念出现较晚，21 世纪初时才被提出并蓬勃发展。因此，相比于已经基本成熟并已部分投入工业应用的 CCUS 技术，BECCS 技术尚处于早期开发阶段。到目前为止，BECCS 的技术仍处于初步的开发阶段，只有美国、加拿大等少数发达国家已经开始建设相关的试点工程项目。我国当下在 BECSS 技术领域的研究相对较少且刚刚起步，为了"碳中和"目标的实现，我国应将 BECCS 技术纳入应对气候变化的战略框架中，加快建设 BECCS 示范工程，增加技术储备。

---

〔1〕 全球碳捕集与封存研究院：《2019 年 BECCS 展望》，https://www.globalccsinstitute.com/wp-content/uploads/2019/03/BECCS-Perspective_FINAL_PDF.pdf.

专栏 9-3

世界范围内 BECCS 工程项目概况

　　到 2019 年为止,全球共有 18 个 BECCS 项目,大部分位于北美和欧洲(如下表所示)。目前正在运行的项目主要为发酵工厂,其中大部分在美国,少部分分布在其他国家。这些发酵工厂靠种植的农产品(玉米等)来捕获大气中的二氧化碳,然后将收获的农作物发酵生产乙醇。发酵工厂的二氧化碳排放集中,有利于二氧化碳捕捉,成本较其他模式要低,还可以与 EOR 等技术联合使用,在经济性方面具有一定优势。

设施名称	国家	投运时间	状态	行业	捕集能力(万吨/年)
Illinois Industrial Carbon Capture and Storage	美国	2017 年	运营	乙醇生产	100
Norway Full Chain CCS	挪威	2023—2024 年	建设	水泥生产	80
Occidental/White Energy	美国		评估	乙醇生产	60—70
Russel CO$_2$ injection plant	美国	2003—2005 年	停运	乙醇生产	7.7(共计)
Arkalon CO$_2$ Compression Facility	美国	2009 年	运营	乙醇生产	29
Bonanza BioEnergy CCUS EOR	美国	2012 年	运营	乙醇生产	10
Husky Energy Lashburn and Tangleflags CO$_2$ Injection in Heavy Oil Reservoirs Project	加拿大	2012 年	运营	乙醇生产	9
Mikawa Post Combustion Capture Demonstration Plant	日本	2020 年	规划	发电(煤和生物质)	18
Drax bioenergy carbon capture storage(BECCS)project	英国	2018 年	规划	发电(煤和生物质)	0.033
CPER Artenay project	法国		规划	乙醇生产	45
Biorecro/EERC project	美国		规划	生物质气化	0.1—0.5
OCAP	荷兰	2011 年	规划	乙醇生产	40
Lantmännen Agroetanol purification facility	瑞典	2015 年	运营	乙醇生产	20
Calgren Renewable Fuels CO$_2$ recovery plant	美国	2015 年	运营	乙醇生产	15

（续表）

设施名称	国家	投运时间	状态	行业	捕集能力（万吨/年）
Alco Bio Fuel（ABF）bio-refinery CO_2 recovery plant	比利时	2016 年	运营	乙醇生产	10
Cargill wheat processing CO_2 purification plant	英国	2016 年	运营	乙醇生产	10
Saga City Waste Incineration Plant	日本	2016 年	运营	垃圾发电	0.3
Saint-Felicien Pulp Mill and Greenhouse Carbon Capture Project	加拿大	2018 年	规划	造纸	11

资料来源:全球碳捕集与封存研究院,2019 年 BECCS 展望。

三、直接从空气中捕集二氧化碳（DAC）

（一）DAC 的概念与发展

Direct Air Capture（DAC）技术,即直接从空气中捕集二氧化碳,是一种通过工程系统从大气中去除二氧化碳的技术。该技术通过吸收空气,利用一系列化学反应提取出二氧化碳,再将剩余气体返回到空气中,从而有效降低大气中二氧化碳浓度。这一技术的提出主要是为了解决分布源二氧化碳的问题。虽然 CCUS 技术发展迅速,但是 CCUS 技术主要是针对以化石燃料为基础的发厂、炼油厂、化工厂等大型固定点源排放的二氧化碳进行处理,而难以解决分布源二氧化碳的问题。因此,直接从空气中对二氧化碳进行捕集的 DAC 技术便应运而生。

DAC 技术是一种回收利用分布源排放二氧化碳的技术,可以处理交通、农林、建筑行业等分布源排放的二氧化碳。这一技术是阿拉莫斯实验室(Los Alamos National Lab)的拉克内(Lackner)在 1999 年为解决气候变化问题提出的。虽然在刚提出时遭受了一定的质疑,但随着技术方法的进步,目前 DAC 技术已被视为一种可行的二氧化碳减排技术。

（二）DAC 技术概述

1. DAC 技术的优势

相比于 CCUS 等技术,DAC 技术的优势主要在于可以对数以百万计的小型化石燃料燃烧装置以及数以亿计的交通工具等分布源的二氧化碳进行捕集处理。此外,与CCUS等主要针对固定源的技术相比,DAC装置的布置地点具有更大的灵活性,可以建在封存地点等附近以最大限度地降低运输成本。最后,DAC设备不需要占用大量土地,可以减少对粮食生产以及其他土地利用类型的影响。

2. DAC技术流程

目前不同的DAC技术流程虽然有所差异,但大体理念是一致的。此处以Carbon Engineering的DAC技术流程为例进行说明。DAC设备主要由四个部分组成。第一个部分是空气采集器,在这一结构中,一个风扇型设备会将空气吸收到设备中,空气与设备中的氢氧化钾等碱性溶液发生反应,其中的二氧化碳气体被去除并生成碳酸盐溶液。生成的这部分碳酸盐溶液会进入第二个部分,经过浓缩分离之后,碳酸盐会从溶液中分离出来。分离出来的固体小颗粒碳酸盐进入第三部分的煅烧炉,在经过煅烧后释放出二氧化碳,这部分二氧化碳浓度较高,将被收集起来进行进一步利用或封存;而剩余的部分则在第四部分熟化器中进行水合,并再一次生成氢氧化物以进行重复利用。[1]这一工艺流程如图9-2所示。

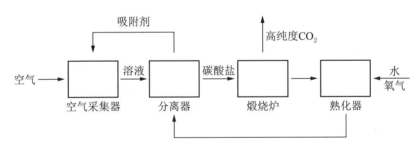

资料来源:Carbon Engineering,作者根据其描述绘制。

图9-2 DAC工艺流程示意图

到目前为止,各种DAC的主要差异体现在吸附剂和吸附剂再生方式上,目前有三种主要的DAC技术工艺,分别为Carbon Engineering、Climeworks与Global Thermostat三家公司所应用。这三种主要DAC技术工艺比较如表9-2所示。

---

〔1〕 参见Carbon Engineering公司,https://carbonengineering.com/our-technology/。

表 9-2   DAC 工艺流程对比

公　司	吸附剂类型	吸附剂再生方式	能耗/ $(kWh \cdot t^{-1})$	工艺优点	工艺缺点
Carbon Engineering	碱性溶液	高温煅烧	1 824	可大规模应用， 运行稳定	耗能大，装置占地 多，不能灵活布置
Climeworks	胺类吸附剂	加热到 100 ℃ 脱附	1 700—2 300	吸附效果较好	总体处理量较小， 耗能较大
Global Thermostat	胺类吸附剂	低温蒸汽(85—100 ℃) 脱附	1 320—1 670	装置占地少，可 大范围布置	吸附效果较差

资料来源：张杰等：《空气中直接捕集 CO_2 技术研究进展》，2021 年。

3. DAC 的经济成本分析

总体而言，DAC 在工业领域的发展还处于初步阶段，尚无大规模工业应用，而限制 DAC 发展的一个重要因素是过高的经济成本。相比于其他类型的负排放技术，DAC 的经济成本可能要更高。根据世界资源研究所(World Resource Institute，WRI)的报告，目前，DAC 处理每吨二氧化碳的成本范围在 250—600 美元之间，具体的数值则取决于技术选择、低碳能源及其部署规模。随着支持政策的出台和市场的扩大，在未来 5—10 年，DAC 的成本可能会降至每吨 150—200 美元左右。[1]但相比于其他类型的负排放技术，这仍是一个较高的成本。

（三）DAC 技术展望

在 1999 年 DAC 技术被提出以来，这一技术的可行性，一直处在争论中。然而，随着相关材料的发展和技术的进步，DAC 的可行性已经得到了广泛的认可，在"碳中和"这一目标下，DAC 技术对于实现二氧化碳净零排放有着巨大的应用潜力。就目前来说，DAC 技术的发展仍处在一个初步探索的阶段，尤其是高昂的成本限制了 DAC 技术的进一步推广和发展。在未来，随着相关的吸附/吸收材料的研发，以及工艺流程的改进，DAC 技术的成本也将不断下降。适当的政策支持，对于推动 DAC 技术的发展进步也非常重要。

---

[1]　世界资源研究所：《直接空气捕获：碳去除的资源考虑和成本》，https://www.wri.org/insights/direct-air-capture-resource-considerations-and-costs-carbon-removal。

第三篇

碳达峰、碳中和的行动

第十章

科技创新

传统技术条件下实现"碳达峰、碳中和"目标的难度和压力不容忽视,只有突破现有技术和认知的边界,实现科学技术的创新和管理的现代化,才能有助于"碳达峰、碳中和"目标的顺利实现。因此,本章将遵循实现碳达峰、碳中和的底层逻辑,从减少控制排放和移除抵消排放两个维度,分解绿色能源体系、高能效循环利用体系和负排放体系三大路径的四条科技创新方向,分析现有科技创新体系的阻力和突破重点,指出"碳达峰、碳中和"目标下科技创新正面临着基础研究不足、成果转化不够、转型动力缺乏的问题,并明确未来需要重视基础前沿工程的研究,保障先进技术成果的顺利转化,制定鼓励非碳技术发展的政策,加强基础设施建设并大力推进国际交流合作。

一、 技术创新方向

(一) 减少碳排放

1. 绿色能源体系建设

目前我国能源行业存在结构性失衡的问题,传统能源产能过剩,可再生能源发展面临多重瓶颈,清洁能源替代难度高。为解决能源发展质量和效率的问题,亟需在供给侧进行结构性改革,构建清洁低碳、安全高效的新型能源体系。

(1) 化石能源清洁低碳利用

以化石能源为主的能源消费特征是我国碳排放增长的主要因素,在能源供给侧进行科技创新能够推进我国能源发展实现低碳、绿色、安全、高效。煤炭、石油、天然气作为传统化石能源，是我国主要的能源供应方，亟需以技术突破实现化石能源的清洁低碳利用。[1]煤炭是中国最为主要的一次能源，煤炭低碳清洁利用的主要技术手段包括原煤经洗选后变精煤使用、循环流化床燃烧技术、煤炭气化或液化利用技术等。从技术本身而言，目前我国循环流化床燃烧技术尚处于初级阶段，与国际先进技术仍存在一定差距；虽已拥有较为先进的大规模直接液化技术，但间接液化技术还有待突破。未来，煤炭领域的清洁利用需要从洁净煤技术、高效净燃煤技术、洁净转化技术三大角度入手，以技术创新推动向节约、环保方向转变。石油低碳清洁利用的主要技术手段包括陶瓷膜气固分离技术、石油磺酸盐磺化酸渣溶解技术、酸化压裂技术等。在我国已探明的储量中，低渗透油藏储量约占全国储量的三分之二以上，[2]而酸化压裂技术是改造油气藏实现大规模低渗透油气资源勘探开发的关键主导技术；同时，企业在生产过程中也急需一种能够溶解酸渣的环保技术以实现酸渣无害化处理。未来中国石油行业需要在勘探开发、炼化和钻井三大领域实现低碳与清洁发展关键技术的创新与突破，以实现节能与提效的目标。天然气作为传统化石能源中最具有潜力的清洁能源，其低碳清洁利用的主要技术手段包括催化燃烧技术、低氮燃烧技术等。以催化燃烧为例，该技术可以在真正意义上实现低碳脱硝排放，具有广泛的应用推广空间。天然气在能源结构转型中扮演着桥梁以及过渡作用，因此需要以科技创新解决目前面临的供应能力不足、发电成本较高问题，实现"增供应、降成本、活价格、促消费、强基础、保安全"六大目标，帮助我国平稳实现化石能源向非化石能源过渡。

（2）清洁能源生产

清洁能源生产可以从直接清洁能源应用与间接清洁能源应用两个维度进行分类，直接清洁能源主要包括风电、光伏、核能和水电，间接清洁能源主要指氢能。对于风电而言，目前我国风电机组面临可利用率下降、传动系统和叶片等零部件的性能下降、故障易造成停机的问题。为解决上述问题，提升风力发电的竞争力与在电力系统中的地位，一方面需要研发大型风电关键设备，优化关键技术，比如风机主轴承、叶片等关键零部件制造技术研发，海上漂浮式风电关键技术等；另一

---

[1] 肖宇、彭子龙、何京东、刘中民：《科技创新助力构建国家能源新体系》，载《中国科学院院刊》2019年第4期，第385—391页。

[2] 韩大匡：《中国油气田开发现状、面临的挑战和技术发展方向》，载《中国工程科学》2010年第5期，第51—57页。

方面针对发电过程进行风电场群发电功率优化调度运行控制技术的研发，并建设远海大型风电系统与基于大数据和云计算的风电场集群运控并网系统。[1]同时，风电设施存在维护与回收问题，因此风电场实时监测与运维技术以及风电设备无害化回收处理技术也亟需创新突破。对于光伏而言，光伏发电是未来主要的替代发电技术，近几年来国内外光伏产业迅速发展，但我国光伏产业也面临着设备制造、光伏电池原材料生产技术、高效电池技术较为落后的问题。未来，需加快光伏技术创新，比如通过西门子法、硅烷热分解法、流化床反应炉法来生产太阳能级多晶硅，以满足光伏产业迅猛发展对多晶硅的高需求。光伏电池以硅片为衬底，随着技术的迭代发展，N 型电池因为电池转换效率高成为下一代电池技术的发展方向，其中 HJT 电池和 TOPCon 电池为 N 型电池目前投入比较多的主流技术，在未来需要进一步增效降本，从而实现量产。在具体应用端，可以将光伏产品集成到建筑上以实现光伏建筑一体化（Building Integrated Photovoltaic，BIPV）。对于核能而言，其发电清洁、低碳、能量密度高、占地面积小的特点使得核电作为国家战略性产业备受重视。目前核电产业的行业基础研究、原始创新能力都需要进一步加强，钠冷却快中子增殖反应堆、国际热核实验反应堆、加速器驱动次临界系统作为未来先进核裂变能需要进一步探索与创新。在核燃料循环方面，核燃料闭式循环技术与激光浓缩技术等仍待完善与发展，而核设施的安全退役以及放射性废物也需要专业的手段进行处理。水电是目前技术较为成熟且可靠的可再生能源，但始终会受到水力资源的限制，因此在季节性抽水蓄能电站技术与电力产能适配技术上实现突破可以有效提高水电资源再利用率以及灵活性，从而更大程度的发挥水电在"碳达峰、碳中和"目标中的价值。

间接清洁能源则主要指氢能，氢能作为一种零碳循环的能源，在交通运输、燃料电池、储能领域都具有巨大的优势。在氢源方面，制氢原料从化石燃料向可再生能源方向逐渐发展，具体可包括太阳能制氢、风能制氢、电解水制氢、生物质制氢。目前可再生能源制氢存在着发电具有间歇性、波动性和随机性，终端电价不具备成本优势，设备利用率低等问题，而诸如微波甲烷重整、氨转氢的电化学系统等新兴制氢技术尚处于研究阶段。制氢是基础，储运和加氢则是氢能应用的核心

---

[1]　王灿、丛建辉等:《中国应对气候变化技术清单研究》，载《中国人口・资源与环境》2021 年第 3 期，第 1—12 页。

保障,储运难是氢能难以大规模发展的另一瓶颈。目前,我国比较常见的储氢技术为高压气态储氢技术、低温液态储氢技术、固态储氢技术、有机物液体储氢技术。其中高压储氢技术已比较成熟,但存有安全隐患和体积容量比低的问题;低温液态储氢技术成本高昂,民用范围小;固态储氢难以突破质量储氢密度低、吸收氢温度要求等技术难点;有机物液体储氢技术安全性和运输便利性高,但氢气纯度不高且成本较高。在运输环节,目前主要有高压气体运输、液态氢气运输和管道运输三种方式,以上三种运氢方式都存在一定程度的危险。高压运输具有易爆的危险性,液氢运输热量丢失后易爆,管道运输的输氢管长期处于高压下,易产生氢脆现象并造成泄露。因此,在运氢环节突破长距离输送管道、研究固态和低温液态储氢技术是未来的发展重点。氢能作为终极能源,其清洁高效利用的最佳方式为开发氢燃料电池系统,即将氢气作为燃料,将化学能直接转化为电能最终产出水。目前我国燃料电池的功率密度、寿命、低温环境适应性都与国际先进水平存在一定差距,技术层面需要实现进一步提升催化剂活性、设计质子膜通道、优化流场结构等的突破。[1]以催化剂为例,铂基金属间化合物纳米晶氧化原催化剂、无铂氧化原催化剂的发展为催化剂问题提供了新的思路。

(3) 综合能源服务

综合能源服务是一种以用户需求为导向,多元化能源生产与消费的新型能源服务方,是在传统综合供能基础上,整合可再生能源、氢能、储能设施及电气化交通等能源设施,结合大数据、物联网等数字化技术,以多能互补联供、分布式梯次利用和智能微网等多种形式展开应用的系统能源供应服务模式。在能源基础设施层面,5G通信技术的应用与普及将显著改变分布式能源的应用场景,支持能源领域基础设施的智能化、双向能源分配和新的商业模式,在风电、光伏等清洁能源领域实现提效增能。新能源的发展与分布式能源比例的提高对储能装机的规模提出了更高的要求,而储能的推广将倒推电力能源基础设施的重构,将发电侧、电网侧和用户侧紧密结合。综合管廊系统作为新型城镇化的必然要求,集交通、电力、通信、燃气、排水等管道于一体,在减少城市用地、降低成本、美化景观的同时

---

〔1〕 邵志刚、衣宝廉:《氢能与燃料电池发展现状及展望》,载《中国科学院院刊》2019年第4期,第
　　469—477页。

向城市的每个角落输送着水、电、热等能源。在运行调度层面,搭建综合能源管控平台能够帮助实现综合能源服务体系下的统一调度,其中管控指标的设置会对平台调度协调控制能力产生影响,丰富明确的管控指标会大大提升调度功能。在能源服务层面,综合能源的商业模式主要为综合服务型,其中能源托管服务作为新型商业模式已有一定实践落地。综合能源服务因能源互联网技术与新兴能源交易方式的发展而成为能源系统变革的关键,综合能源服务的不断创新反之也推动商业模式的创新与能源交易的活跃。

2. 高能效循环利用体系建设

这部分的讨论主要聚焦在科技创新对于能源消费重点领域的减排贡献,具体包括交通、建筑、制造、化工、农业五大领域。交通领域的减排不仅在于交通领域本身,还涉及交通行业的全产业链条。采用区块链技术协同交通信息的管理可以增加交通信息采集和发布的可行度,去中心化的数据共享模式与不可篡改的特性使得数据应用拥有更大的范围。新能源汽车作为汽车产业转型发展的主要方向,在关键技术上还有待进一步突破,包括整车架构技术、智能能量管理技术、动力电池与管理技术、驱动电机与电力电子技术、智能汽车芯片与车用传感器技术、智能网联与自动驾驶技术、车用氢燃料电池技术、先进新材料技术、交通基础设施智能化技术等。当前我国仍处于快速城镇化发展的中后期,城镇住宅领域节能减排成为实现"碳达峰、碳中和"目标的重要任务。具体技术包括利用城镇住宅建筑表面光伏发电,即发展光伏建筑一体化技术;发展光储直柔建筑,将光伏发电、储能、直流、柔性应用,实现建筑柔性用电;建设被动式超低能耗建筑,以节能的方式实现恒温、恒湿、恒氧、恒洁、恒静。[1]制造业是经济社会稳定运行的基础,挖掘制造业减排空间并推动制造业高质量发展对"碳达峰、碳中和"目标的实现有着重大影响。以纺织业为例,目前在纤维材料、绿色制造、纺织机械等领域技术仍待进一步突破,未来需要大力发展化纤、织造、非织造等各领域高效节能技术和装备,研发可降解纤维材料,推进绿色纤维制备和应用,在高效热能转化技术、高效热传导技术、高效加热融化技术、碳纤维复合材料技术、再生面料技术等关键技术上实现突破,推进产业链高效、清洁、协同发展。化工行业是传统的高耗能行业,化工企业

---

〔1〕 郭朝先:《2060 年碳中和引致中国经济系统根本性变革》,载《北京工业大学学报》(社会科学版) 2021 年第 5 期,第 64—77 页。

应主动做好自身的碳排放核查并建立产品碳足迹，或利用信息化技术和算法进行能源利用的高效匹配，以技术创新来落实"碳达峰、碳中和"目标。农业领域在消费侧实现低碳排放的焦点在于再生农业、可持续养殖与食品消费三大方面，再生农业以提高土壤健康为目的，通过种养结合、覆盖作物、免耕和轮作来恢复土壤生机；可持续养殖则需要在绿色饲料生产技术、发酵床养殖技术、林下生态养殖模式上实现创新突破；制造过程环保且节约能源的人造肉在碳中和时代受到广泛关注，除了素肉之外，愈加完善的挤压技术、静电纺丝技术、3D 打印技术、细胞增殖技术、生物支架技术、无血清培养技术为植物蛋白肉和细胞培养肉走向餐桌提供了可能。

（二）移除碳排放

碳捕集、利用与封存技术（Carbon Capture, Utilization, and Storage, CCUS）是指将二氧化碳从排放源中分离后，或转化利用，或直接封存，以实现二氧化碳减排的技术过程，是国际上普遍公认的能够实现长期绝对减排的重要措施。作为有望实现化石能源大规模低碳利用的新兴技术，CCUS 受到了国际社会的重视。《中国应对气候变化科技专项行动》明确将二氧化碳捕集、利用与封存技术开发作为控制温室气体排放和减缓气候变化的重点任务。[1]对于煤炭、石油、化工等高碳行业，大规模引进并采用碳捕集、利用与封存技术是其转型升级的方向。燃烧前捕集是指将煤高压气化，生成水煤气，在燃烧前对二氧化碳进行收集，该方式目前存在效率衰减和运行成本高的问题。燃烧中捕集是指直接用氧气和脱氮后的烟气部分替代空气参与燃烧，该方式可能会造成较高的能量损失与成本。燃烧后捕集是将燃烧后的烟气收集并进行分离，该方式虽然技术成熟，但低浓度的二氧化碳会影响捕集效率。目前的碳捕集技术都普遍处于高成本状态，这一定程度上也会影响碳捕集的竞争力。目前，CCUS 总体上仍处于研发和示范阶段，存在能耗和成本过高、技术水平有待提升、长期封存的安全性和可靠性不确定、政策和法律体系不完善等问题。[2]以成本为例，CCUS 的设计和建设成本通常高达数亿

---

[1] 科技部等：《中国应对气候变化科技专项行动》，http://www.most.gov.cn/xwzx/twzb/twzbydqh/twzbxgbd/200706/P020070615354869505471.pdf.

[2] 李波：《应对气候变化的有效途径：二氧化碳捕集与封存》，载《中国人口·资源与环境》2011 年 S1 期，第 517—520 页。

美元甚至数十亿美元,到 2050 年,若要完成欧洲计划的 CCUS 部署估计将需要 3 200 亿欧元,此外还需要 500 亿欧元用于所需的交通基础设施。[1]

生物质能碳捕集与封存(Bioenergy with CO_2 capture and storage,简称 BECCS)是指将生物质燃烧或转化过程中产生的二氧化碳进行捕集、利用或封存的过程,而生物质本身就是可再生能源。[2]直接空气碳捕集技术(Direct Air Capture,DAC)则是一种通过工程系统从大气中去除二氧化碳的技术。碳利用可以分为地质利用、化工利用和生物利用。其中地质利用主要指将二氧化碳注入地下,生产或强化能源、资源开采的过程,主要被利用于强化石油、天然气、页岩气、深部咸水开采,增强地热系统,驱替煤层气、铀矿地浸开采等场景。化工利用指以化学转化为主要手段,将二氧化碳和其他物质反应转化成目标产物,实现二氧化碳的资源化利用,主要应用场景包括制备合成气、液体燃料,合成甲醇、有机碳酸酯、可降解聚合物、聚合物多元醇,钢渣矿化利用,石膏矿化利用等。生物利用指以生物转化为主要手段,将二氧化碳用于生物质合成,主要产品有食品和饲料、生物肥料、化学品与生物燃料和气肥等。目前对于二氧化碳的利用还处于相对初级的阶段,未来可以考虑将碳和氢气结合生产碳氢合成燃料,将碳作为化石燃料替代品用于工业品生产,或将二氧化碳直接用于建筑材料生产,通过技术持续创新来实现碳的大规模利用。

目前主要的碳封存方式是将捕获的二氧化碳注入地下深处,含盐地层及油气地层是当前适合储存二氧化碳的深度,因此具体技术包括利用含水层封存二氧化碳与强化采油技术(EOR)两种。未来可以通过技术创新进一步拓展不同碳封存地点,比如在玄武岩含水层进行封存的技术还有待进一步研究。除了陆地之外,海洋也有较大的封存潜力,相关技术还有待进一步突破。

二、 科技创新的阻力

(一) 基础研究不足

碳达峰、碳中和必然会引发以去碳化为标志的科学革命,催生基础研究领

---

[1] UNECE:Technology Brief:Carbon Capture, Use and Storage(CCUS),https://unece.org/sites/default/files/2021-03/CCUS%20brochure_EN_final.pdf.

[2] 李晋、蔡闻佳、王灿、陈艺丹:《碳中和愿景下中国电力部门的生物质能源技术部署战略研究》,载《中国环境管理》2021 年第 1 期,第 59—64 页。

域的一系列新理论新方法新手段，推动孕育一系列重大颠覆性技术创新。目前，我国基础研究发展存在失衡，在材料、控制、系统集成等基础技术方面与国际先进水平存在显著差距，某些领域中即便出现了高端技术创新，但是由于缺乏共生技术支持，仍然不能形成系统技术。同时，我国对诸如二氧化碳对增温的敏感性，1.5℃、2.0℃增温对应的二氧化碳当量浓度等基础性科学问题还有待进一步研究。《浙江省碳达峰碳中和科技创新行动方案》明确指出，未来的重点任务包括强化应用基础研究协同创新，聚焦低碳、零碳、负碳关键技术需求，促进新能源、新材料、生物技术、新一代信息技术等交叉融合，通过协同创新重点推进规模化可再生能源储能、多能互补智慧能源系统、二氧化碳捕集利用协同污染物治理等研究。

（二）成果转化不够

我国绿色低碳技术的研发活动与科技资源主要集中在高等院校和科研院所，而绿色低碳技术的应用主体主要为企业，科研人员科技成果转化积极性不高，多数科技成果作为实验室阶段成果不能实现"即时转化"。高校虽然有科研经费、平台支持绿色低碳技术的研发，但是高校缺乏对于市场需求的了解，即在科技成果转化过程中会出现科技成果与市场匹配度不高的问题，从而导致低碳技术研发成果转化不足。太阳能、生物质能、风电设备、智能电网、新能源汽车、化工冶金纺织等传统产业中的关键技术还待进一步研发和转化应用。同时，有些绿色低碳技术成果知识产权尚未明确，这也会对科技成果转化率产生严重影响，甚至可能带来经济损失。绿色低碳技术转化率低的另一原因是目前成果转化机制不健全，科技成果转化往往会涉及政府、企业、高校、科研院所等多个主体，且经历较长周期完成，在此过程中保障体制的不健全会对科技成果转化率造成影响。对于从国外引进先进低碳技术，受到国内技术与经济水平的限制，在短时间内国外的先进技术也难以实现商业化应用。

（三）企业缺乏转型动力

"碳达峰、碳中和"目标下企业碳中和转型的关键在于平衡经济发展与节能减排之间的关系。低碳绿色技术作为环境友好型技术，技术研发具有投资规模大、技术生命周期长的特点，投资收益具有高度的不确定性，前期的节能改造、可再生能源投资会增加企业的生产成本。综合考虑资金成本高、研发周期长、风险汇报不确定性高、技术商业化复杂等问题，企业往往会缺乏主动转型的动力。[1]同时，企业为减少碳排放所进行的技术创新会额外增加企业的成本，站在行业的角度而言，若行业中不同企业转型节奏不同，未转型的企业将会以低成本优势获取行业竞争力，而低碳转型的企业不可避免的会具有相对较高的成本，从而处于行业中不利地位，因此考虑到在行业内竞争力的问题，企业往往不会主动选择电力替代、氢能替代等绿色低碳技术。同时，企业在减碳过程中也会遇到一些制度上的问题，比如尚未形成成熟的支持企业直接采购绿电（风能、太阳能）的机制。

三、 科技创新突破的实现路径

（一） 支持重点领域技术突破，加强基础和应用研究协同创新

绿色低碳技术的开发与应用是实现"碳达峰、碳中和"目标的基础，其中有针对性地推进规模化储能、氢能、碳捕集利用与封存等重点低碳技术发展是实现产业结构转型升级、提高绿色低碳发展水平的重点。未来应该以推动绿色低碳技术实现重大突破为导向，抓紧部署低碳前沿技术研究，在重点行业、重点领域、重点企业加大低碳技术的研发、集成、推广和应用，把煤炭绿色智能开发、煤炭清洁高效燃烧及污染防控、现代煤化工发展，碳捕集利用与封存等作为重要方向和战略领域。[2]依托国家战略科技力量，推进基础研究和关键技术、核心装备研发，加强应用基础研究协同创新。切实加强发展低碳经济的基础研究和科技研发，通过科技创新和技术进步解决减排降碳面临的问题和挑战，为落实"碳达峰、碳中和"目标任务提供强力支撑和保障。

（二） 激发创新主体动力，完善市场导向的绿色技术创新体系

建立健全市场导向的绿色技术创新体系，鼓励企业加大研发投入的同时鼓励高等院校、科研机构和科技创新企业加强合作，建设以企业为主体、产学研相结

---

[1] 李杨：《绿色复苏与绿色技术创新研究》，载《天津师范大学学报》（社会科学版）2021 年第 4 期，第105—110 页。

[2] 张贤、郭偲悦、孔慧、赵伟辰、贾莉、刘家琰、仲平：《碳中和愿景的科技需求与技术路径》，载《中国环境管理》2021 年第 1 期，第 65—70 页。

合、市场导向的绿色技术创新体系,充分发挥企业在绿色技术研发、成果转化、示范应用和产业化中的主体作用。产学研的深度融合可以有效整合上下游资源,不同创新主体之间联合开展绿色技术的攻关研究,以实现关键技术的突破与升级。根据《关于构建市场导向的绿色技术创新体系的指导意见》规划,应积极鼓励并推动企业积极参与绿色技术创新的"十百千"行动,大力培育并支持企业在绿色创新领域的突破与发展,增强企业的绿色创新能力,到 2022 年,要基本建成市场导向的绿色技术创新体系。

（三）加大知识产权保护力度，建立健全低碳技术成果转化机制

完善绿色低碳技术创新成果转化机制,建立健全低碳技术成果转化通道,鼓励高校、科研机构积极开展绿色技术创新成果转化与应用,支持企业、高校、科研机构等建立孵化器、创新创业基地等,以实现绿色产业发展和成果转化。对于目前已较为成熟的低碳技术要加速推广和应用,提高现有技术解决方案的使用深度,构建 CCUS 与能源/工业深度融合的路线图,扩大储能和智能电网的示范规模,扩大新能源汽车和氢燃料电池汽车的使用规模,以技术来支撑"碳达峰、碳中和"目标的实现。同时,加强绿色低碳技术产权保护制度体系的建立,强化绿色低碳技术再研发、示范、推广、应用、产业化各环节中的知识产权保护,坚决打击侵犯知识产权的行为。

（四）推进绿色基础设施转型，稳步推进低碳转型

适应能源低碳转型需要,推进新型绿色基础设施建设,以数字化加快能源技术的创新,实现资源和能源的利用效率的提高。对于现有基础设施,努力提高水利、交通、能源等基础设施在气候变化条件下的安全运营能力,全面提高现有基础设施适应气候变化的能力。另外也需要意识到,"碳达峰、碳中和"目标的实现需要 CCUS、BECCS、DAC、储能、氢能等低碳、零碳、负碳新兴技术的支撑,而低碳、零碳、负碳技术的落地与应用需要相应的软硬件水平与关键设备与之配套。通过在基础设施中广泛应用大数据、5G、物联网、人工智能、区块链和新一代信息技术等创新技术可以构建智能化、共享的基础设施网络。未来,需要建设节能低碳的基础设施,合理布局城乡功能区,统筹安排基础设施建设,并强化城乡低碳化建设,从而控制建筑领域的碳排放。

（五）提升公共财政支持，鼓励多元化融资渠道

加大公共资金对气候变化领域科技创新的支持力度，发挥政府对资本的引导和激励作用，对低碳产品、绿色建筑、新能源汽车等技术、产品在财政、税收和价格上给予政策支持和财政激励。在公共财政之外，还需要撬动更多的社会资本进入低碳减排领域，引导企业、个人在低碳行业的投资，建立健全绿色金融体系，构建稳定的多元化资金投入，为企业绿色创新提供多元化的融资渠道。充分发挥绿色债券、绿色基金、绿色保险等绿色金融工具在绿色金融中的作用，鼓励银行、金融机构积极开展金融创新，拓宽绿色创新企业融资渠道与融资模式，构建多层次、统一、规范的资本市场。[1]

（六）注重国际交流与合作，加快双碳领域人才培养

加强国际交流与合作，不同国家在低碳领域实现资源整合、优势互补和合作发展，加强不同国家高校、科研机构与国际组织之间的合作，打造先进的国际科技创新合作新模式。[2]比如中英双方在脱碳减排和可持续发展领域长期开展合作，特别是在包括氢能、电网技术和建筑环境在内的新兴技术领域通过举办研讨会、开展联合研究等形式来开展更深层次的合作。通过统筹利用国内外创新资源形成多层次的合作模式。碳中和国际合作交流还可以体现为人才联合培养、举办国际会议、开展学术论坛等，通过与世界一流大学和学术机构的交流与合作，加强创新型、应用型、技能型的高水平人才培养，完善人才引进、培养、使用、评价、流动、激励体制机制，并加大对优势科研结构和团队的支持力度。

---

〔1〕安国俊：《碳中和目标下的绿色金融创新路径探讨》，载《南方金融》2021年第2期，第3—12页。

〔2〕胡志坚、刘如、陈志：《中国"碳中和"承诺下技术生态化发展战略思考》，载《中国科技论坛》2021年第5期，第14—20页。

第十一章

价格机制

　　价格机制能够通过将碳排放造成的环境成本内部化，改变企业行为决策，引导绿色技术创新，倒逼产业链脱碳转型，通过市场调动，配置整个社会的减排资源，激发绿色、低碳、气候友好型投融资市场活力，促进全社会生产和消费模式的转变，降低全社会总体减排成本，助力"碳达峰、碳中和"目标的实现。本章首先为读者介绍了当前应对气候变化背景下最常见的价格机制，即碳交易、碳税和碳金融的概念和运行机理；接着强调在"碳达峰、碳中和"愿景、后疫情时代和国际碳壁垒等新形势下构建有效碳价格机制的迫切需求，并通过回顾我国碳价体系建设的历程，阐述碳交易、碳税和碳金融三种定价机制的角色和定位；最后展望了"碳达峰、碳中和"目标下的碳价机制将遇到的挑战和可能的发展路径。

一、 应对气候变化背景下的价格机制

　　目前，全球约有40个国家级司法管辖区和20多个城市、州和地区正在推行碳定价机制。[1]价格机制通过将碳排放造成的环境成本内部化，改变企业行为决策，引导绿色技术创新，倒逼产业链脱碳转型，激发绿色、低碳、气候友好型投融资市场活力，促进全社会生产和消费模式的转变，助力"碳达峰、碳中和"目标的实现。常见的价格机制主要包括碳交易、碳税以及碳金融，接下来将具体介绍上述机制的内涵和相关实践。

---

〔1〕 世界银行:《什么是碳定价》，https://www.worldbank.org/en/programs/pricing-carbon。

（一）碳交易

"碳交易"即"碳排放权交易"，此概念基础起源于《京都议定书》。《京都议定书》第一次以法律形式明确规定了各国减排义务并具体设置了三种减排实施机制：排放权交易（Emissions Trading，ET）、联合履约（Joint Implementation，JI）、清洁发展机制（Clean Development Mechanism，CDM）。[1]其中，联合履约机制适用于附件一国家，即在发达国家和经济转型国家间形成基于项目的减排单位直接交易；清洁发展机制即附件一中做出减排或限制排放承诺的国家在发展中国家投资实施减排项目以获得核证减排量，此碳排放指标可以进入碳排放交易体系；碳排放权交易机制允许有排放分配量单位的国家向超额目标国家出售这种过剩的排放能力，[2]并且同样要求扣除转让国相应的配额。[3]由此将以二氧化碳为代表的温室气体排放作为商品形成排放权的交易就是所谓的"碳排放权交易"。

专栏 11-1

常见的碳交易市场类型

1. 履约市场

履约市场依托于国家所制定的碳排放贸易体系展开，指由管理者制定总排放配额，并在参与者之间进行分配，参与者根据自身需要进行配额买卖。[4]履约即指控排企业按照规定上缴与上年度碳排放量等量的配额，履行其年度碳排放控制责任。履约碳市场的配额分配主体为政府，其可通过免费分配、拍卖、二者相结合或以配额奖励碳清除的方式分配。企业除了在初始分配时接受碳排放权配额和期权，还可以自由地在市场上交易碳排放权配额和碳期权。[5]此外，履约市场允许参与者使用"抵消"额度，碳市场履约主体可使用一定比例的经

---

〔1〕　UNFCCC：What is the Kyoto Protocol? https://unfccc.int/kyoto_protocol.

〔2〕　UNFCCC：《联合国气候变化框架公约》，https://unfccc.int/process/the-kyoto-protocol/mechanisms/emissions-trading.

〔3〕　廖振良编著：《碳排放交易理论与实践》，同济大学出版社 2016 年版，第 2 页。

〔4〕　郭日生、彭斯震主编：《碳市场》科学出版社 2010 年版，第 67 页。

〔5〕　何梦舒：《我国碳排放权初始分配研究——基于金融工程视角的分析》，载《管理世界》2011 年第 11 期，第 172—173 页。

相关机构审定的减排量来抵消其部分减排履约义务。[1]

2.自愿市场

自愿减排市场是一种具有灵活性的气候贸易措施,更加重视非政府组织、跨国公司及个人等非国家行为体在气候治理中的关键性作用,其促导控排主体从项目中购买减排量用以抵消、补偿其排放量,使用经过核证后的减排凭证实现碳中和的目标。国际自愿减排市场是指在国际上没有减排义务或签约方的国家自发形成的碳交易市场。其以清洁发展机制(Clean Development Mechanism)[2]为代表,即发达国家通过提供资金和技术的方式,与发展中国家开展项目级的合作。而国内的自愿减排市场指,除了部分纳入碳市场的高排放企业,其他非控排企业自愿减排,并可将此部分减排量卖给履约市场内的企业。

3.碳普惠市场

碳普惠制是指通过市场机制和经济手段,以自愿参与、行为记录、核算量化、建立激励机制等形式,[3]实现低碳绿色的目标合力,推广至社会公众。其包含碳普惠行为的确定、碳普惠行为产生减排量的量化及获益等环节。[4]该制度是传统意义碳排放交易市场的拓展、延伸与创新,其面向主体主要为小微企业、社区家庭甚至个人,实施领域也主要集中于生活消费。[5]目前国内所推行的碳普惠制度目标,同时包括温室气体减排和资源节约、环境保护等。

(二) 碳税

碳税(Carbon Tax)是根据化石燃料(如煤炭、天然气、汽油和柴油等)[6]中的

〔1〕 李峰、王文举、闫甜:《中国试点碳市场抵消机制》,载《经济与管理研究》2018年第12期,第95—104页。

〔2〕 碳排放交易网:《什么是CDM》,http//www.tanpaifang.com/CDMxiangmu/2021-07-29。

〔3〕 刘海燕、郑爽:《广东省碳普惠机制实施进展研究》,载《中国经贸导刊》2018年第8期,第23—25页。

〔4〕 《广东省发展改革委关于碳普惠制核证减排量管理的暂行办法》,http://www.gd.gov.cn/govpub/bmguifan/201705/t20170503_251264.htm。

〔5〕 刘航:《碳普惠制:理论分析、经验借鉴与框架设计》,载《中国特色社会主义研究》2018年第5期,第86—94页。

〔6〕 苏明、傅志华、许文、王志刚、李欣、梁强:《我国开征碳税问题研究》,载《经济研究参考》2009年第72期,第2—16页。

碳含量或二氧化碳排放量,征收的一种产品消费税,属于环境税的一种。[1]从本质来看,碳税以减少温室气体排放为目的,通过确定温室气体排放的税率,或者更常见的是确定化石燃料的碳含量,直接设定碳价格,[2]将温室气体排放带来的环境成本转化为生产经营成本,[3]引导低碳生产。最早芬兰、瑞典、挪威等北欧国家从20世纪90年代开始征收碳税。据世界银行统计,当前全球已有30项碳税机制正在实施或计划实施中,涉及全球27个国家的不同路径的发展尝试。其中,1990年芬兰率先推出碳税制度,经两次改革已形成完备的单一碳税制度。同时辅以税收减免与返还措施,如对部分电力行业生产中的大部分燃料、航空海洋运输燃料、生物燃料等施行免税等。[4]欧盟则是"碳税+碳交易"复合型模式的先行者,通过循序渐进的制度设计和实行,实现了由单一的碳税政策向碳税、碳排放交易并行的复合政策的转化。[5]尽管有着较高的煤炭能源依赖,2019年南非《碳税法案》正式生效,该法案将分两个阶段实施,第一阶段将配套出台系列免税津贴政策,并制定较为温和的收费标准,同时政府承诺电力价格在第一阶段不会受到碳税法案影响。[6]

(三)碳金融

碳金融(Carbon Finance)是指所有服务于减少温室气体排放的各种金融交易和金融制度安排。《联合国气候变化框架公约》及其补充条款《京都议定书》发布后,温室气体减排量逐渐成为一个有价格的商品,可以进行现货、期货的买卖,这直接促进了全球碳金融市场的发展,其中蕴含的巨大商机促使许多国家、地区、多边金融机构、企业、个人参与到全球碳减排或者碳项目投资中,[7]各类低碳债券、碳结构性存款等金融创新纷纷落地。

随着各国碳交易市场的启动,碳金融的范围不再局限于排放权交易和低碳项

〔1〕 成思危、汪寿阳、李自然等:《从碳关税和碳税视角分析低碳经济对中国的影响》,科学出版社2014年版,第113页。

〔2〕 世界银行:《碳定价》,https://www.worldbank.org/en/programs/pricing-carbon。

〔3〕 葛杨:《碳税制度的国际实践及启示》,载《金融纵横》2021年第4期,第48—55页。

〔4〕 邓瑞、吴越、马华阳:《国外碳税税制的实践与启示——以澳大利亚与芬兰为例》,载《佳木斯职业学院学报》2013年第8期,第437—438页。

〔5〕 世界银行:《碳定价机制发展现状与未来趋势》。

〔6〕 中国经济网:《南非正式开征碳税 成为首个实施碳税非洲国家》,http://intl.ce.cn/sjjj/qy/201906/04/t20190604_32258688.shtml。

〔7〕 孙永平:《碳排放权交易概论》,社会科学文献出版社2016年版,第193页。

目的投融资，任何旨在减少温室气体排放的各种金融制度安排和金融交易活动、低碳项目开发的投融资、碳排放权及其衍生品的交易和投资，以及其他相关的金融中介活动都被纳入其中。[1]全球碳金融产品分为碳金融现货交易产品和碳金融衍生产品两大类，前者包括碳信用和碳现货产品，后者包括碳远期、碳期货、碳期权和结构性产品（见表 11-1）。在所有的碳金融产品中，碳基金和碳衍生产品所占的市场份额最大，是最常见的碳金融交易产品。

表 11-1　全球碳金融产品分类

碳金融现货交易产品				碳金融衍生产品			
碳信用			碳现货产品	碳远期	碳期货碳期权	结构性产品	其　他
配额	项目	自愿	碳基金、绿色信贷、碳保险、碳股票	远期合约	标准化期货、期权合约	与某标的挂钩的结构性理财产品	证券化产品、碳债券、套利工具
EUA、AAU	CER、ERU	VER					

资料来源：杜莉等：《低碳经济时代的碳金融机制与制度研究》，中国社会科学出版社 2014 年版，第 122 页。

二、 新形势：渐强的碳价信号，渐近的碳约束时代

（一）碳中和愿景与全面绿色转型

实现"碳达峰、碳中和"目标是中国发展转型的内在要求，既是我国社会主义现代化建设的一大挑战，也是实现绿色转型的良好机遇。我国具有 2060 年前实现碳中和的经济、技术、社会基础，同时也面临着法规、舆论、技术、政策支撑等方面的挑战。因此，建立涵盖多地区、多行业的减碳价格机制，能够有效发挥市场机制的作用，以较低的经济成本实现较为明确的减排目标，倒逼产业发展转型。通过全国碳价格体系的建立，能够有效实现对电力、钢铁等高碳排放行业的碳排放限制与产业转型激励。另外，有效价格机制的建立将有利于新能源产业的发展，激励各行各业开展低碳零碳技术创新和投资，推动经济增长新动能的形成，促进我国经济低碳转型，降低全社会的碳排放。

（二）后疫情时代经济发展的不确定性与绿色复苏新方向

新冠肺炎疫情对世界经济冲击极为猛烈，也为全球碳交易市场的发展带来较

---

[1]　杨星：《碳金融概论》，华南理工大学出版社 2014 年版，第 1 页。

大挑战。2020年2—5月,为遏制疫情,多国被迫采取关停大部分经济活动的举措。国际货币基金组织(IMF)指出,世界经济可能会出现"前所未有的危机"和"不确定的复苏"。虽然短期来看,疫情降低了国内的碳排放,但一方面随着经济复苏,碳排放已经出现明显的反弹;另一方面,国外疫情变动会造成碳排放下降,导致碳市场中碳价较原有情景下跌。[1]在全球疫情暴发之初,碳市场受挫严重,国际碳价也大幅波动。美国加州、加拿大魁北克二级市场价格均下跌。欧洲方面,欧盟碳价较疫情前下跌超30%,创历史新低。[2]

但挑战与机遇并存,在疫情影响下,绿色复苏已成为全球共识和发展趋势,诸多国家地区以此为目标推出系列绿色发展的疫情复苏计划。在此激励下,因经济活动减少有过暂时下降的碳价格基本恢复至疫情前水平。[3]2020年底,欧盟碳交易定价相较年初增长了45%;北美碳价也上涨了43%。[4]可见,在经济发展不稳定的条件下,政府可以借助着较强韧性的碳定价机制作为补偿措施鼓励减排,在恢复企业经营的同时促进产业低碳转型,增加公众对碳定价机制的接受度。[5]

(三) 碳壁垒倒逼国内碳交易市场发展

随着全球气候变暖加剧,部分发达国家在减碳目标的基础上掺杂经济利益目的,强制施行"碳关税""碳标签""碳减排认证"等国际贸易壁垒政策。[6]由于在当前的国际分工中,发达国家掌握技术、专利、品牌、设计、金融、流通等,我国产业结构仍以制造业、重化工业等生产环节为主。而"碳关税""碳标签"等新型国际贸易壁垒所针对的正是那些高污染、高碳排放的资源密集型产品。[7]近年来"碳边境

〔1〕 唐葆君、吉嫦婧、王翔宇、陈俊宇、李德华:《后疫情时期全国碳市场政策对经济和排放的影响》,载《中国环境管理》2021年第3期,第19—27页。

〔2〕 券商中国:《交易规模近4 000亿:新冠疫情对碳市场影响较大　发展面临四项矛盾》,https://mp.weixin.qq.com/s/iM6FZy-Oav2cFZozqqbT0w。

〔3〕 张晓云、杜崇珊:《碳定价机制:减排的有效工具》,载《中国财经报》2021年6月12日,第六版。

〔4〕 中国节能协会碳中和专业委员会:《疫情下经济疲软,全球碳交易市场为何火爆?》,http://acet-ceca.com/desc/9892.html。

〔5〕 刘奇超、许维萱、沈涛:《后疫情时代,全球碳定价机制将迎重要契机》,载《中国财经报》2021年2月2日,第8版。

〔6〕 胡剑波、任亚运、丁子格:《气候变化下国际贸易中的碳壁垒及应对策略》,载《经济问题探索》2015年第10期,第137—141页。

〔7〕 Babiker M. H. Climate change policy, market structure, and carbon leakage. *Journal of International Economics*,2005(65):421—445.

调节机制"(Carbon Border Adjustment Mechanism,CBAM)引发较大反响,欧盟提出将根据进口商品的含碳量对电力、钢铁、水泥、铝和化肥五个领域进行价格调整。受能源消费结构、生产技术、产品贸易结构的影响,中欧间贸易的隐含碳排放高度不对称,[1]一旦欧盟的碳边境调节机制正式生效会形成新的碳壁垒,我国作为世界最大出口国受到严重影响。[2]

为应对低碳经济的全球化发展与欧盟提出的碳边境调节机制,我国产业结构亟待转型升级。同时,碳壁垒的出现也倒逼了国内碳交易体系的建立和完善。[3]通过扩大国内碳市场和碳定价覆盖范围,将欧盟碳边境调节机制中涉及产品纳入国内碳定价体系中,以减少需缴纳的碳税或获得豁免,以此有效抵消碳边境调节机制带来的新贸易壁垒。

三、 新局面:"碳达峰、碳中和"目标下中国碳价机制的构建

(一) 核心调节:碳排放交易体系的建立与完善

碳交易制度承认环境资源的稀缺性,将排放权可以视为一种资源产权。从本质上看,碳交易制度就是一种基于产权的市场激励型环境规制工具,通过外部性的内部化来实现公共资源收益均衡的问题。在市场有效的条件下,价格信号能够调动整个社会的减排资源,并引导减排成本较低的行业、主体优先减排,从而在减排效果相对确定的情况下,保证在社会整体层面上降低总的减排成本,并最终实现全社会总体减排成本最小化。[4]

1. 机制设计

(1) 交易机制

根据《碳排放交易管理条例(草案修改稿)》,全国碳排放权交易市场的主体包括纳入全国碳排放权交易市场的温室气体重点排放单位(以下简称"重点排放单位")以及符合国家有关交易规则的其他机构和个人。其中重点排放单位的确定

［1］ 中国节能协会碳中和专业委员会:《欧盟碳边境调节机制对中国的潜在影响和对策建议》,http://www.acet-ceca.com/desc/10287.html。

［2］ 谢来辉:《欧盟应对气候变化的边境调节税:新的贸易壁垒》,载《国际贸易问题》2008年第2期,第65—71页。

［3］ 李宏策:《欧盟计划征收碳边境调节税,到底什么情况》,载《科技日报》2020年7月27日,第2版。

［4］ 杨越:《中国碳交易制度的有效性研究》,大连理工大学博士论文,2018年。

由国务院和省级生态环境主管部门共同负责确定并向社会公开。国家发展改革委办公厅发布的《关于切实做好全国碳排放权交易市场启动重点工作的通知》中，筛选出了 2 555 家 2013—2019 年任一年排放达到 2.6 万吨二氧化碳当量及以上发电行业重点排放单位纳入 2019—2020 全国碳市场。同时，《关于促进应对气候变化投融资的指导意见》指出，要逐步扩大碳排放权交易主体范围，适时增加符合交易规则的投资机构和个人参与碳排放权交易。

　　根据《碳排放权交易管理办法（试行）》，我国碳排放权交易市场的交易产品主要是碳排放配额，经国务院批准可以适时增加其他交易产品。目前，我国碳排放交易市场以碳排放权配额为主，国家核证自愿减排量（CCER）作为补充，其他衍生品交易较为有限。碳排放权交易应当通过全国碳排放权交易系统进行，可以采取协议转让、单向竞价或者其他符合国家有关规定的交易方式。

表 11-2　我国碳交易类型梳理

交易类型	强制性	法律依据	交易方式
碳排放权配额交易	强制	《碳排放权交易管理办法（试行）》	政府在总量控制的前提下将排放权以配额方式发放给各企业，属强制性减排
核证自愿减排量交易	自愿	《温室气体自愿减排交易管理暂行办法》	企业通过自愿实施项目削减温室气体，获得减排凭证

资料来源：笔者根据《碳排放权交易管理暂行办法》《温室气体自愿减排交易管理暂行办法》整理。

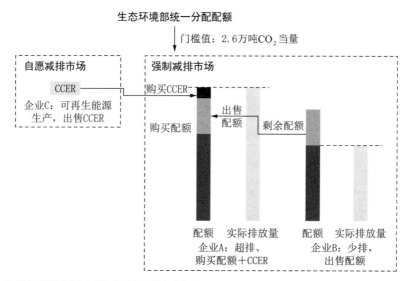

资料来源：笔者根据《碳排放交易权管理办法（试行）》整理。

图 11-1　碳排放交易机制

（2）监管机制

我国碳排放交易管理体系由国家—省（自治区、直辖市）—市三级体系构成，生态环境部为国家主管部门，各层级生态环境主管部门主要负责相关事项。目前，我国碳市场的建立和运行遵循的是《碳排放权交易管理暂行办法》（以下简称《暂行办法》）。《暂行办法》是我国第一部国家层面的碳市场法规，明确了国家碳市场建设的制度框架和管理体系，规定全国碳市场将采取两级管理模式，中央政府统筹规划，地方政府协同配合，在覆盖范围、配额分配等方面，地方被赋予较大的自主权和灵活度。我国碳排放权交易政策体系分为顶层设计、配套细则与技术

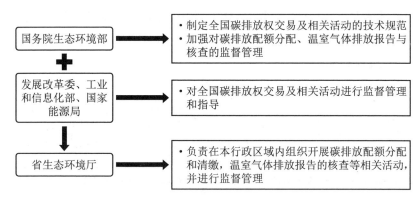

资料来源：笔者根据《碳排放交易管理条例（草案修改稿）》整理。

图 11-2 碳排放交易监管体系

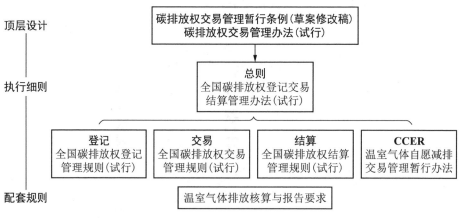

资料来源：笔者根据相关政府文件整理。

图 11-3 碳排放交易市场政策体系

规范三部分。顶层设计主要解决政府及参与主体权利、责任和义务方面的法律问题；配套细则主要从各个要素层面解决碳交易相关方的法律问题；技术文件则规定了相关方参与碳交易的行为标准与规范。

2. 发展阶段

（1）自愿减排：基础奠定和有效补充

中国早在 2005 年便以开发核证减排量（Certified Emission Reduction，CER）和自愿减排量（Voluntary Emission Reduction，VER）项目的方式参与国际碳市场。CDM 是国内碳市场发展的起点，为国内碳交易机制的发展奠定了基础。作为全球最大的 CDM 供应国，中国为附件一国家完成《京都议定书》第一承诺期减排目标作出了重要贡献。但 2013 年后，由于国际 CDM 需求和国际政治环境发生较大变化，中国 CDM 项目开发和签发基本上趋于停滞。2012 年《温室气体自愿减排交易管理暂行办法》的出台确立了国家自愿减排交易机制，自愿减排项目于 2015 年 1 月正式启动交易，2017 年 3 月 CCER 项目和减排量备案申请暂停。

（2）地方试点：从道路摸索到差异化发展

地方碳排放交易试点始建于 2011 年，在北京、天津、上海、重庆、湖北、广东和深圳 7 个地方开展试点工作。[1]经过多年实践，7 个试点已基本建成主体明确、规则清晰、监管到位的区域碳市场。当前，试点地区碳交易主要以发电、石化、化工、建材、钢铁、有色金属、造纸和国内民用航空等高耗能行业为主，其中广东、湖北、天津和重庆以控制工业高耗能行业排放为主，北京、上海和深圳根据排放强度分别选择将建筑、交通以及服务业纳入控排范围。配额分配方面，多数地区采取免费分配的形式，部分地区结合有偿竞价模式。目前，各试点碳市场平稳运行。截至 2019 年 12 月 31 日，7 个试点碳市场配额现货累计成交量约为 3.68 亿吨二氧化碳，累计成交金额约 81.28 亿元人民币。[2]

在全国碳交易体系建立完善的背景下，部分碳交易试点尝试探索差异化的发展道路。如广州碳排放交易所以碳金融产品创新为特色，早在 2005 年开始率先推行碳普惠制度。2017 年，广东省正式将碳普惠核证自愿减排量纳入碳排放权交

---

[1]　资料来源：《关于开展碳排放权交易试点工作的通知（发改办气候〔2011〕2601 号）》https://zfxxgk.ndrc.gov.cn/web/iteminfo.jsp?id=1349。

[2]　生态环境部：《中国应对气候变化的政策与行动 2020 年度报告》，http://www.mee.gov.cn/ywgz/ydqhbh/syqhbh/202107/W020210713306911348109.pdf。

易市场补充机制,有效推动了区域生态化补偿机制的探索发展。[1]深圳市更是依托自身地理优势,率先开展海洋碳汇核算指南编制研究,尝试促进将新区的海洋碳汇资源纳入排放交易体系。[2]

表 11-3　我国碳排放权交易试点

试点	建立时间	纳入行业	准入门槛（二氧化碳当量）	覆盖比例	配额分配
深圳	2013 年 6 月 18 日	能源(发电)、供水、大型公共建筑、公共交通、制造	工业:3 000 吨以上;公共建筑:2 万平方米以上机关;建筑:1 万平方米以上	40%	无偿 + 有偿,拍卖比例不低于 3%
北京	2013 年 11 月 28 日	非工业:电力、热力、水泥、石化、交通运输业、其他工业和服务业	5 000 吨以上	40%	免费发放
广东	2013 年 12 月 19 日	电力、水泥、钢铁、石化、造纸、民航	2 万吨以上(2014 年后:工业 1 万吨,非工业 5 000 吨以上)	55%	无偿 + 有偿,电力企业的免费比例 95%,钢铁、石化和水泥企业为 97%
上海	2013 年 11 月 26 日	工业:电力、钢铁、石化、化工、有色、建材、纺织、造纸、橡胶和化纤;非工业:航空、机场、水运、港口、商场、宾馆、商务办公建筑和铁路站点	工业:2 万吨以上;非工业:1 万吨以上;水运:10 万吨以上	50%	无偿发放,不定期竞价拍卖
天津	2013 年 12 月 26 日	电力热力、钢铁、化工、石化、油气开采	2 万吨以上	60%	无偿 + 有偿,不定期拍卖
湖北	2014 年 4 月 2 日	电力热力、有色金属、钢铁、化工、水泥、石化、汽车制造、玻璃、化纤、造纸、医药、食品饮料	能耗 6 万吨标煤以上	35%	免费发放
重庆	2014 年 6 月 19 日	电力、电解铝、铁合金、电石、烧碱、水泥、钢铁	2 万吨以上	40%	免费发放
福建	2016 年 9 月 26 日	电力、石化、化工、建材、钢铁、有色、造纸、航空、陶瓷	能耗 6 万 5 000 吨标煤以上		

资料来源:笔者根据相关政府文件整理。

---

[1] 中国金融信息网:《"碳普惠"机制从广东走向全国》,http://thinktank.xinhua08.com/a/20210628/1991996.shtml。

[2] 深圳特区报:《深圳率先开展海洋碳汇核算指南编制研究》,http://www.sz.gov.cn/cn/xxgk/zfxxgj/zwdt/content/post_7758792.html。

（3）全国市场：前景广阔但仍待完善

2017 年，《全国碳排放权交易市场建设方案（发电行业）》的发布标志着我国碳排放交易体系完成总体设计、正式启动。我国碳市场建设以发电行业为基石，着重开启配额管理制度、市场交易等相关制度的建设。随后全国碳市场的运行启动工作稳步推进，并发布了系列管理办法、立法草案。2021 年 7 月 16 日，我国全国碳排放交易体系正式启动。当前，我国碳市场施行"双城"模式，即上海市负责交易系统建设，承担全国碳交易机构建设工作，武汉市负责全国碳市场的碳排放权注册登记系统建设、运行和维护。在全国碳排放交易机构成立前，由上海环境能源交易所股份有限公司承担其开立和运行维护等工作。目前，全国碳排放权交易体系仅面向电力行业，未来石化、化工、建材、钢铁、有色金属、造纸和国内民用航空等其余高耗能行业或也将纳入。碳排放权采用基准线法进行配额分配，即对单位产品的二氧化碳排放量进行限制。排放配额分配初期以免费分配为主，后续适时引入有偿分配，并逐步提高有偿分配的比例。

全国碳市场第一个履约周期为 2021 年 1 月 1 日—2021 年 12 月 31 日，纳入发电行业重点排放单位 2 162 家，覆盖约 45 亿吨二氧化碳排放量，是全球规模最大的碳市场。[1]生态环境部公布的统计数据显示，截至 7 月 23 日，全国碳市场碳排放配额总成交量 480 多万吨，总成交额近 2.5 亿元，当日收盘价涨至 56.97 元/吨，较开市首日上涨 11.20%。[2]除了首日成交量达 410 万吨外，其他交易日一般在几万吨到 30 万吨之间，甚至出现过 3 000 吨的单日成交最低纪录。[3]

（二）配套支撑：碳金融的地方试点与金融机构实践

1. 我国绿色金融政策体系的建设与发展

绿色金融体系的建设和不断完善为我国碳金融的发展提供了基础政策体系与产品创新经验，而碳金融的探索也是绿色金融的落地推广的重要突破口。截至2021 年，我国已经基本建立了日渐完善且与国际接轨的标准体系，以及逐步推进

---

[1]　中华人民共和国生态环境部：《韩正出席全国碳排放权交易市场上线交易启动仪式》，http://www.mee.gov.cn/ywdt/szyw/202107/t20210716_847496.shtml。

[2]　闫碧洁：《全国碳市场平稳运行　推动形成有效价格信号》，载《期货日报》2021 年 7 月 30 日，第7 版。

[3]　张锐：《碳市场亟待提升交易活跃度》，载《证券时报》2021 年 8 月 27 日第 A3 版。

的信息披露、监管与激励制度等绿色金融政策体系，并在此基础上形成了以绿色金融改革试验区为创新载体，绿色金融产品与市场加速发展，且兼顾国际合作共赢的绿色金融发展模式。在较为完善的制度体系指导下，多层次的绿色金融产品和市场体系初具规模，"自下而上"的绿色金融改革创新基层实践初见成效。

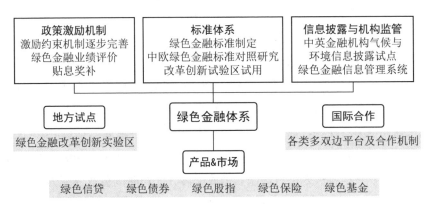

资料来源：笔者根据相关政府文件资料整理。

图 11-4　我国国家绿色金融发展现状

专栏 11-2

绿色金融工具

	金融工具	相关政策
绿色信贷	商业银行通过信贷方式为生态保护、生态建设、低碳经济和绿色产业提供融资支持、遏制两高型产业扩张的业务实践	《绿色信贷指引》《绿色信贷实施情况关键评价指标》《中国银监会关于提升银行业服务实体经济质效的指导意见》
绿色债券	由政府、金融机构、工商企业等发行，承诺按一定利率支付利息并按约定条件偿还本金的债权债务凭证，其募集资金的最终投向为符合规定条件的绿色项目	《绿色债券发行指引》《关于支持绿色债券发展的指导意见》《中国银监会关于提升银行业服务实体经济质效的指导意见》《绿色债券支持项目目录（2021年版）》
绿色股指	根据特定标准对样本上市公司进行绿色股票评选与设计的股票价格指数	2015年10月，上海证券交易所正式发布180碳效率指数
绿色保险	借由保险之风险管理工具，填补环境污染和气候变化所造成的损失，降低经济活动可能产生的环境风险，实现可持续发展	《关于环境污染责任保险工作的指导意见》《关于开展环境污染强制责任保险试点工作的指导意见》《环境污染强制责任保险管理办法（征求意见稿）》
绿色基金	针对节能减排战略、低碳经济发展、环境优化改造项目而建立的专项投资基金	《关于构建绿色金融体系的指导意见》

2. 碳金融的地方试点与金融机构实践

在绿色金融体系逐渐完善的基础上,2016 年中国人民银行、财政部等七部门联合印发的《关于构建绿色金融体系的指导意见》明确指出,碳金融是绿色金融体系的重要一环,应有序发展碳远期、碳掉期、碳期权、碳租赁、碳债券、碳资产证券化和碳基金等碳金融产品和衍生工具,探索研究碳排放权期货交易。[1]

我国陆续开展的试点地区中,地方金融部门广泛参与,为全国碳金融市场的探索提供了经验借鉴。据不完全统计,目前国内市场已推出四大类近 20 种碳金融创新产品和服务,在融资类、交易类、资管类及支持类工具均有一定创新发展。地方试点中,上海依托独有的金融中心优势开展碳金融业务拓展,推出包括上海碳配额远期交易、借碳交易、碳资产回购、碳基金以及碳信托等金融产品,有效提高了上海试点配额交易市场的流动性。[2]武汉也紧扣中国碳排放权注册登记系统落户的契机,申报国家级绿色金融改革试点,打造全国碳金融中心。[3]此外,《粤港澳大湾区发展规划纲要》提出支持广州建设绿色金融改革创新试验区,研究设立以碳排放为首个品种的创新型期货交易所,加速碳期货发展。[4]但总体来说,目前国内碳市场金融化程度偏低,处于零星试点状态,区域发展不均衡,缺乏系统完善的碳金融市场。

在"碳达峰、碳中和"目标的指导下,尤其是全国碳市场形成以后,银行等金融机构积极布局,虽尚不能直接参与全国碳市场交易,但其着力推进以碳金融基础服务和碳金融相关产品创新支持碳市场发展。银行等金融机构主要开展以碳排放权或碳配额等碳资产为主的权益质押融资,以及为碳交易提供开户、清算等金融服务。[5]主要参与机构以国有银行及部分全国性股份制银行的总行为主。例如,国家开发银行发行了全国首单、全球最大的"碳中和"专题绿色金融债券;[6]

---

〔1〕《关于构建绿色金融体系的指导意见》。
〔2〕 王颖、张敏思:《上海碳排放权交易试点碳金融业务创新》,载《中国经贸导刊》2018 年第 17 期,第45—47 页。
〔3〕 郝天娇、李佳、王里:《武汉打造全国碳金融中心》,载《长江日报》,2021 年 6 月 25 日,第 7 版。
〔4〕 中国碳排放交易网:《试点地区探索碳金融创新和国际合作》, http://www.tanpaifang.com/tanguwen/2020/0109/67610_5.html。
〔5〕 郭新明:《江苏碳金融发展的实践与思考》,载《金融纵横》2021 年第 1 期,第 3—10 页。
〔6〕 新华网:《国开行成功发行首单"碳中和"专题绿色金融债券》, http://www.xinhuanet.com/money/2021-03/19/c_1211074235.htm。

中信银行成功发行国内首支挂钩"碳中和"绿色金融债的结构性存款产品。其他金融机构方面,在全国碳市场交易启动仪式上多家金融机构联合发布《金融机构支持上海国际碳金融中心建设共同倡议》,并与湖北生态环境厅签署《支持全国碳市场发展战略合作协议》。[1]目前仅有少数证券业金融机构、保险业金融机构等尝试推出碳金融产品,且基本只是示范性质产品,在首单交易后较难进一步推广。

(三) 有机补充: 碳税机制的探索与展望

由于气候变化应对的紧迫性与重要性,全球包括英国、法国、日本、加拿大等15个国家和地区同时采取碳税与碳交易两种减排手段。当前受制于不完善的碳市场体系与监管能力,全面运行的全国碳市场也仅覆盖了我国50%的碳排放量,[2]且现行碳交易体系主要针对排放量较大的重点行业、重点企业,忽视了小微企业及个人的减排行动,削弱了减排效果。考虑到"碳达峰、碳中和"目标的紧迫性和现有碳市场的有效性,适时开征碳税可能将会成为重要的补充政策选项。相比于碳交易体系,碳税为强制性政策工具,可依托于现有税收体系,无需考虑相关机构与基础设施的建设,相对实施成本较小。同时,碳税覆盖范围广,见效快。此外,征收碳税可以增加政府财政收入,并将其定向用于推动节能减排技术进步与绿色项目建设等,促进向低碳转型。[3]

我国目前并未建立专门的碳税制度,但随着绿色低碳经济的发展及系列措施工作的开展,增值税、资源税、消费税、车辆购置税、企业所得税等税收制度中出现了大量绿色税目相关内容,为我国碳税制度的推行和开展奠定了基础。同时,已有大量学者从理论和模型分析角度论证了征收碳税对我国实现减碳目标的积极有效作用,并对碳税征收的对象、形式等提出建议。因此,适时推出碳税制度,与碳市场联动互补具有合理性和可行性。但同时也要意识到碳税推出实施的阻力与风险,新的税种开征需要漫长的验证与体系机制的完善,且税收的增加短期内

---

〔1〕 聂倩倩:《全国碳市场"满月"碳金融空间广阔》,载《中国城乡金融报》2021年8月25日,第2版。

〔2〕 傅志华、许文、程瑜:《仅靠碳交易难以实现"30·60"目标,开征碳税或成为重要政策选项》,https://mp.weixin.qq.com/s/YyQpAgC2dQk0yn2qCmGtzQ。

〔3〕 中国人民银行国际司青年课题组:《为碳定价:碳税和碳排放权交易》,载《第一财经》2021年2月9日,https://www.yicai.com/news/100945950.htm。

必然会造成企业生产和人民生活成本的上涨，对经济社会发展产生一定负面影响。

表 11-4 碳交易与碳税：各有优劣的减排政策工具

	碳 税	碳交易
共同点	碳税和碳交易都是解决负外部性的市场性制度，用以实现碳减排的总目标	
不同点		
原理	庇古税的典型应用：通过填补碳排放的私人成本与社会成本之间的缺口，以减少二氧化碳排放的负外部性	可交易污染许可证的典型应用：以科斯定理为基础，明确碳排放权，通过自由市场机制实现碳排放权买卖双方交易，以低成本实现碳减排目标
机制	价格导向的强制政策工具：直接进行的价格干预，即通过相对价格的改变来引导经济主体的行为，达到降低碳排放数量的目的	数量导向的自愿政策工具：在某个国家或地区设定碳排放总量额度，并将其碳排放权分配到各个企业，通过市场和价格机制对排放权在不同经济主体间分配进行调整，从而达到以最小成本达到碳减排的目标
主要对象	排放量较小的小微企业甚至是个人	排放量较大的重点行业、重点企业
优点	制度设计相对简单，实施管理成本较低；运行相对稳定，有利于增加政府财政收入	直接指向碳排放量，减排效果确定；体系机制建立与调整不涉及立法，相对简单灵活；社会及企业的参与有效提高资源利用效率
缺点	税法的出台程序严格，且涉及现有法律规范的调整；价格机制对碳排放量的效果影响具有不确定性	人为建设的市场体系较为复杂，需要大量政策支撑；存在监管风险与金融风险

四、新征程："碳达峰、碳中和"目标下中国碳价机制路径展望

（一）碳价调节之路任重道远

1.发展路径待明确，顶层设计导向性不足

目前我国碳价格机制发展路径不明晰，国家层面的法律规范引导有待加强。首先，由于暂未推出涵盖近期、中期、远期的碳价格机制预期发展体系，存在诸如"碳达峰、碳中和"目标下碳价格机制应与过去有哪些不同，如何实现碳税与碳交易二者政策对象的合理区分，政策内容的互补及政策目标的协同等问题；而在碳达峰实现后，价格机制该如何发挥余热等潜在问题也需要解答。其次，当前碳价格调节并未形成完整有效的制度体系，政策的导向性、有效性不足，可操作性较差。一方面，会导致价格机制的建设同生态补偿制度、排污许可证制度等多层次、

多类型的相关领域政策难衔接，甚至出现潜在竞争；另一方面，由于碳价调节的建设、运行与监管涉及多行业、覆盖多部门，单一政策难以实现全面支撑，不同主体间存在信息壁垒的制约。因此，亟须通过明确价格机制发展路径，完善的顶层设计，以释放长期且强有力的碳价机制发展信号。

2. 市场活跃度不高，风险防范制度缺失

尽管碳排放交易规模日益扩大，但碳定价市场活跃度亟待提升。一方面，碳排放权交易、碳金融市场都存在着参与主体与产品单一、交易规模小、融资渠道少等问题。碳市场的交易主体局限于控排企业，交易产品一般为一对一的现货交易，对碳排放权的金融属性重视不够。而碳金融的参与机构以国有银行及部分全国性股份制银行的总行为主，小金融机构和非银金融机构的参与程度有待提高。且金融产品类型单一，虽然出现了如绿色融资担保基金等创新产品，但其应用范围和场景有限，尚未大范围推广。另一方面，碳金融风险防范制度的缺失不仅加大了企业投入的不确定性，也使得金融机构难以深度介入市场并开展规模化交易，且碳市场一旦过度金融化则容易偏离其作为减排政策工具的基本定位，造成碳价的泡沫化，诱发金融风险。构建健全的风险管理体系，同时鼓励多元主体参与，推动产品创新是激活碳市场的有效途径。

（二）中国碳价机制路径展望

1. 制定"碳达峰、碳中和"目标下价格机制发展蓝图，相关政策协同发力

有必要尽早研究和制定适应"碳达峰、碳中和"目标的碳价格机制发展路线，同时需做好碳价机制与其他政策的协同。首先，应划定碳价调节发展阶段，明确发展方向，提高市场预期信心，鼓励激发更多主体参与。其次，应以"碳达峰、碳中和"目标为引领，推动形成协同发力的综合减碳政策体系。理清碳交易、碳金融政策体系与原有环境保护、金融、财税、信贷、产业等方面法律法规的关系，划定不同政策的参与主体、支持范围，做好政策间的内容衔接与机制协调，共同推动能源转型，助力"碳达峰、碳中和"目标的实现。

2. 健全完善政策体系，加强基础设施建设与配套服务

为推动碳定价机制在全国广泛落地，应完善价格机制法律法规体系，强化主体协调、监督管理与评价考核制度，同时完善基础设置与配套服务建设。健全政策体系，一是要通过顶层立法，明晰各主体的权利义务，推动形成协调机制；二是需强化监督管理,完善的信息公开和信息披露制度,重点推进碳排放交易核查、信用监管、联合惩戒等制度建设。最后,需完善第三方评价体系,细化部门考核与评估。而在加强基础设施与配套服务建设方面,从短期来看,应健全碳排放交易、碳金融市场基础设施,既要利用数字技术建立企业碳排放信息管理系统,监测、统计、分析、查询、预测、企业的碳排放情况,又需对相关单位及企业进行全面、系统的碳交易、碳金融参与的工作能力培训。从长期来看,应探索建立碳价格机制相关教育体系,通过相应专业与学科建设,培养该领域专业人才,促进碳市场长期可持续发展。

3. 扩大价格机制覆盖范围,将碳税作为有效补充

应逐步扩大碳市场的覆盖范围,并适时推出碳税以发挥补充调节作用。在发电行业碳市场运行良好的基础上,可分批次纳入更多高排放行业,降低纳入标准,增加控排单位数量。同时,应择机开征碳税,考虑将中度排放企业、小微企业及个人纳入征收范围,倒逼大排放量企业转型的同时鼓励小微企业及个人开展减排行动,有效避免碳泄漏。但需注意碳税的征收不可一蹴而就,应在平衡减排效果与经济冲击的基础上渐进推行。此外,可考虑将碳税收入以政府补贴等形式返还给企业和民众,用于支持企业低碳技术的研发以及补贴受影响的低收入居民。

第十二章

全球合作

　　应对气候变化的共识、决心和行动是全球气候治理和国际合作的基础,顺利实现"碳达峰、碳中和"目标,仍然需要克服多重障碍,在科技、资金、人才等方面加强国际交流和合作。本章以美国气候政策体系和欧洲气候行动战略为例,为读者介绍了典型经济体在全球气候应对方面的进展,并分别介绍了中美、中欧和中亚在气候治理方面的合作基础和现实挑战。其包括强调各国需要秉持人类命运共同体理念,从战略高度凝聚共识,以国际合作促进绿色复苏,以及在全球主要经济体主动参与碳中和行动,担当绿色低碳发展引领者的同时也需要警惕经济绿色转型过程中可能带来的全球竞争。

一、 气候治理的全球合作基础与共识

　　气候变化问题作为全球性的挑战需要各个国家与地区共同携手应对,气候治理具有显著的外部性,很有可能出现"搭便车"的困境,因此需要不同国家与政府间通过谈判与协商共同构建全球气候治理体系,搭建合作关系来解决这一难题。作为世界上第一个全面控制二氧化碳等温室气体排放,应对全球气候变暖的国际公约,《联合国气候变化框架公约》于 1992 年 6 月 4 日在巴西里约热内卢召开的联合国环境与发展大会开放签署,并于 1994 年 3 月 21 日生效。[1]《联合国气候变

<hr />

〔1〕 UNFCCC: What is the United Nations Framework Convention on Climate Change? https://unfccc.int/process-and-meetings/the-convention/what-is-the-united-nations-framework-convention-on-climate-change.

化框架公约》为国际社会在应对全球变化问题上进行国际合作提供了一个基本框架，正式开启了应对气候变化的国际合作进程。《联合国气候变化框架公约》承认气候变化的全球性，要求所有国家根据其共同但有区别的责任和各自的能力及其社会和经济条件，尽可能开展最广泛的合作，并参与有效和适当的国际应对行动。[1]《京都议定书》作为《联合国气候变化框架公约》的补充条款，于1997年12月在日本京都召开的《联合国气候变化框架公约》缔约国第三次会议通过，要求在2008年至2012年期间，发达国家的温室气体排放量要在1990年的基础上平均削减5.2%，发展中国家在此期间没有减排义务，是国际社会达成的第一个具有法律约束力的气候变化国际协定。[2]2015年《巴黎协定》通过，制定全球性框架以大幅减少全球温室气体排放，将21世纪全球气温升幅限制在2℃以内，同时寻求将气温升幅进一步限制在1.5℃以内的措施为目标，各国根据自身情况提出应对气候变化的国家自主贡献目标（NDC），每五年为一个周期进行调整。[3]通过不断的谈判，国际社会基本形成了重视气候变化问题并积极开展国际合作的共识。

二、美国行动与中美合作

（一）美国气候政策体系稳中有进

美国作为发达国家和全球排放大国，是全球气候治理的重要参与方，在气候谈判和全球气候治理中也具有重大影响力。从20世纪70年代起，美国多次出台能源与减排相关法案，逐步形成完整的碳减排法律规范和政策体系。1990年，美国国会通过《清洁空气法》，确定法案的基本框架和核心内容，被誉为"世界上最强有力的环境法"。[4]2005年，时任美国总统小布什签署了新的能源法案《2005年国家能源政策法案》，这是近40年来包含内容最广泛的能源法，希望减少美国对

---

〔1〕 联合国：《联合国气候变化框架公约》，https://unfccc.int/sites/default/files/convchin.pdf。

〔2〕 UNFCCC：Kyoto Protocol-Targets for the first commitment period，https://unfccc.int/process-and-meetings/the-kyoto-protocol/what-is-the-kyoto-protocol/kyoto-protocol-targets-for-the-first-commitment-period.

〔3〕 United Nations：Paris Agreement，https://unfccc.int/sites/default/files/english_paris_agreement.pdf.

〔4〕 United States Environmental Protection Agency：The Clean Air Act-Highlights of the 1990 Amendments，https://www.epa.gov/clean-air-act-overview/clean-air-act-highlights-1990-amendments.

国外能源的依赖，解决美国国内能源高涨的根本原因，确保美国未来的能源安全。[1]2007 年 7 月，美国参议院提出了《低碳经济法案》，确定发展低碳经济是美国未来重要的战略选择。[2]2007 年 10 月 18 日，美国参议院议员约瑟夫·李伯曼（Joseph Lieberman）和约翰·华纳（John Warner）正式提出有关气候变化的美国气候安全法案，并在当年 12 月 5 日被提交至参议院，成为美国第一部在议会委员会层面得到通过的温室气体总量控制和排放交易法案。[3]2009 年 6 月，美国众议院通过《清洁能源安全法案》，作为一部综合性的能源立法，它将通过创造数百万的新的就业机会来推动美国的经济复苏，通过减少对国外石油依存度来提升美国的国家安全，通过减少温室气体排放来减缓全球变暖。[4]2014 年 6 月，美国环保署发布《清洁电力计划》征求意见稿，作为温室气体减排法的草案，实施该计划预计到 2030 年使美国电力行业比 2005 年减少 30% 的二氧化碳排放。[5]

（二）美国政府不同时期态度反复

不同时期美国气候变化相关政策不断反复，具体的气候政策也常常因为政策的更迭而出现倒退，而美国不断反复的态度与政策也导致其常常难以落实自己的气候目标。奥巴马政府于 2016 年 4 月 22 日签署了《巴黎协定》，并于 2016 年 9 月 3 日表示同意接受该协定的约束，承诺于 2025 年前将温室气体排放在 2005 年的基础上减排 26% 至 28%。[6]特朗普政府 2019 年 11 月正式通知联合国启动退出《巴黎协定》进程，于 2020 年 11 月 4 日正式退出《巴黎协定》，宣布停止履行奥巴马

[1] 109th Congress：Energy Policy Act of 2005，https：//www. govinfo. gov/content/pkg/BILLS-109hr6enr/pdf/BILLS-109hr6enr.pdf.

[2] 110th Congress：Low Carbon Economy Act of 2007，https：//www. congress. gov/bill/110th-congress/senate-bill/1766.

[3] 110th Congress：Lieberman-Warner Climate Security Act of 2007，https：//www.congress.gov/bill/110th-congress/senate-bill/2191.

[4] 111th Congress：American Clean Energy and Security Act of 2009，https：//www.congress.gov/bill/111th-congress/house-bill/2454.

[5] United States Environmental Protection Agency：FACT SHEET：Clean Power Plan，https://archive.epa.gov/epa/cleanpowerplan/fact-sheet-clean-power-plan.html.

[6] Tanya Somanader：President Obama：The United States Formally Enters the Paris Agreement，https:// obamawhitehouse. archives. gov/blog/2016/09/03/president-Obama-United-states-formally-enters-Paris-agreement.

政府的承诺,大幅削减气候政策、科研相关预算,并停止向联合国绿色气候基金提供捐助。[1]美国退出《巴黎协定》对全球气候变化的资金、技术、交流与合作都造成了负面影响。2021年1月20日,拜登签署行政令,宣布美国将重新加入《巴黎协定》,美国重新加入巴黎气候协议并不只是宣示"美国回来了"的象征性行动,而是有着重大的政治、军事、外交、经济等战略考虑。[2]虽然美国时常在气候政策上出现反复,但特朗普政府时期美国在气候领域与国际合作上的退步对美国自身减排进程与全球气候治理进程都造成了不容忽视的影响,而美国重回《巴黎协定》意味着美国重新重视全球气候变化问题,愿与世界其他国家一同应对气候危机,也为中美合作创造了更多的机会。

(三) 中美在气候治理领域合作基础良好

中美两国作为碳排放大国,尽管在意识形态上存在着本质差异,但都充分认识到了气候变化问题的紧迫性,高度重视应对气候变化的问题,努力在《联合国气候变化框架公约》和《巴黎协定》等多边进程中积极合作来应对气候变化。在奥巴马政府时期,中美多次发布气候变化联合声明并进行多次中美首脑会晤,在中美气候与清洁能源合作的"黄金时期",中美两国在气候变化领域都努力发挥大国优势,引领全球气候治理协同发展。2014年11月12日,中美两国政府共同发布《中美气候变化联合声明》,美国首次提出到2025年温室气体排放较2005年整体下降26%—28%,刷新美国之前承诺的2020年碳排放比2005年减少17%,中方首次正式提出2030年中国碳排放有望达到峰值,并将于2030年将非化石能源在一次能源中的比重提升到20%。[3]2021年3月19日,中美两国领导人在中美高层战略对话中都释放出了积极的信号,均表示将致力于加强在气候变化领域对话合作,建立中美气候变化联合工作组。[4]2021年4月15日至16日,中国气候变化

[1] Matt McGrath: Climate change: US formally withdraws from Paris agreement, https://www.bbc.com/news/science-environment-54797743.

[2] The White House: Paris Climate Agreement, https://www.whitehouse.gov/briefing-room/statements-releases/2021/01/20/paris-climate-agreement/.

[3] 新华社:《中美气候变化联合声明(全文)》,http://www.gov.cn/xinwen/2014-11/13/content_2777663.htm。

[4] 路透社:《中国称中美高层对话是有益的,但仍存"重要分歧"》,https://www.reuters.com/article/china-us-dip-talk-tw-hk-0320-idCNKBS2BC03H。

事务特使解振华与美国总统气候问题特使约翰·克里在上海举行会谈,会后发表《中美应对气候危机联合声明》,中美双方承诺继续作出努力,包括在《巴黎协定》框架下 21 世纪 20 年代采取提高力度的强化行动,以使温升限制目标可以实现,并合作识别和应对相关挑战与机遇。[1]

（四）中美在双碳目标下的合作机遇和挑战

应对气候变化,实现绿色低碳面临产业结构调整、关键技术创新、基础设施完善、绿色金融投资等机遇与挑战,而中美在促进全球能源结构转型,实现经济可持续发展上有着共同利益,大力开发新能源与煤炭的清洁使用是中美共同的对策,因此中美愿意在气候变化领域携手合作。2016 年 11 月,在中美政界及商界领袖共同倡导下,中美绿色基金成立,该基金作为一个纯市场化运营的绿色引导基金,有效促进了中美在绿色金融、绿色技术等领域的商业化合作。美国重返《巴黎协定》与中国"碳达峰、碳中和"目标的提出展现了中美双方高级领导人对气候变化重要性的认识与共识,在新形势、新问题下两国重拾合作关系为全球气候治理奠定了良好生态。2021 年 11 月 10 日,中美在联合国气候变化格拉斯哥大会期间发布《中美关于在 21 世纪 20 年代强化气候行动的格拉斯哥联合宣言》,双方计划在减少二氧化碳排放方面开展合作,并计划建立"21 世纪 20 年代强化气候行动工作组",以应对气候危机,推动多边进程。因此,中美两国在加强气候行动方面存在良好的合作基础,已有中美绿色合作项目将加速推进,而中美两国潜在的碳交易合作将有望深化。作为碳排放大国,中美之间的合作将推动全球各个国家之间的对话与合作,从而形成全球合力。然而,中美在气候领域开展合作也存在一定挑战,一方面是中美之间长期缺乏互信,美国政府不断变化的态度与中美之间存在的贸易战、科技战等都使得中美关系之间存在较高的不确定性;另一方面,中美经济发展阶段不同导致在具体问题上存在较大的冲突,比如中国能源消费结构以煤炭为主,而美国则以石油和天然气为主,中美在实现碳中和路径上存在明显差异。

---

[1] 中华人民共和国生态环境部:《中美应对气候危机联合声明》,https://www.mee.gov.cn/xxgk/hjyw/202104/t20210418_829133.shtml。

三、 欧洲战略与中欧合作

（一） 欧盟长期重视气候问题，积极应对气候变化

欧盟较早重视气候变化问题，以降低温室气体排放量为目标制定气候政策，并通过实践反复检验，不断明确应对气候变化的政策目标和任务。2002 年 9 月 17 日，欧盟委员会发布《2030 气候目标计划》（2030 Climate Target Plan）及政策影响评估报告，提出到 2030 年温室气体排放量将比 1990 年至少减少 55％。[1]2008 年欧洲理事会批复《2020 年气候和能源一揽子计划》，明确欧盟 2020 年气候和能源发展目标，提出到 2020 年欧盟的温室气体排放在 1990 年基础上减少 20％，可再生能源在终端能源消费的占比提高到 20％，能效提高 20％的战略目标。[2] 2014 年，欧盟出台《2030 气候与能源政策框架》，明确指出到 2030 年欧盟整体温室气体排放量比 1990 年减少 40％，提高可再生能源占比至少到 27％，能效提高 30％。[3]2018 年 11 月 28 日，欧盟委员会出台《2050 年气候中和战略愿景》，呼吁到 2050 年实现碳中和，旨在欧洲建成繁荣、现代、有竞争力和气候中立的经济。[4]

2019 年 12 月，欧盟委员会发布新时期欧盟气候政策纲领性文件《欧洲绿色协议》（European Green Deal），其中包括《欧洲气候法》《欧洲气候公约》《2030 年气候目标规划》《欧盟气候适应战略》等保障性措施与框架。[5]《欧洲绿色新政》提出到 2050 年欧洲要在全球范围内率先实现气候中和，并承诺将在 100 天内出台首部《欧洲气候法》。2019 年 12 月 4 日，欧洲环境署发布《欧洲环境状况与展望 2020·向可持续欧洲转型报告》，明确指出欧洲目前在减少温室气体排放、工业排放、废物产生、提高能源效率和可再生能源比例等领域的进展速度将不足以实现 2030

---

[1] European Commission：2030 Climate Target Plan, https://ec.europa.eu/clima/policies/eu-climate-action/2030_ctp_en.

[2] 欧盟:《2020 年气候和能源一揽子计划》, https://ec.europa.eu/clima/policies/strategies/2020_zh。

[3] European Commission：2030 climate & energy framework, https://ec.europa.eu/clima/policies/strategies/2030_en.

[4] European Commission：2050 long-term strategy, https://ec.europa.eu/clima/policies/strategies/2050_en.

[5] 欧盟:欧盟气候行动与《欧洲绿色新政》,https://ec.europa.eu/clima/policies/eu-climate-action_zh。

年和 2050 年的气候和能源目标。[1]

2020 年 12 月，《欧洲气候公约》启动，其目标在于通过充分地吸收与接纳民众、社区和组织参与气候行动，来建设一个更绿色的欧洲。[2]2021 年 6 月 24 日，欧洲议会通过《欧洲气候法》；6 月 28 日，欧盟理事会通过《欧洲气候法》，正式将《欧洲绿色协议》关于实现 2050 年碳中和的承诺转变为法律强制约束。[3]《欧洲绿色协议》被认为是欧盟重要战略转向的关键节点，作为全球应对气候变化最活跃的国际行为体之一，欧盟采取更加积极且全面的措施引领全球减碳进度与发展。

（二）中欧碳中和合作潜力大

中欧气候变化领域合作历史悠久，在应对气候变化方面也有着广泛的共识和共同的利益，因此中欧开展绿色合作具有巨大潜力。2005 年，中欧发表了《中欧气候变化联合宣言》，确定在气候变化领域建立中欧伙伴关系，双方决心通过务实有效的合作应对气候变化带来的严峻挑战。[4]2010 年的《中欧气候变化对话与合作联合声明》表示中欧将在"共同但有区别的责任"原则基础上，进一步加强政策对话和以成果为导向的中欧合作。[5]2015 年，中国和欧盟在布鲁塞尔发表《中欧气候变化联合声明》，表示双方将开展合作，在保持强劲经济增长的同时发展低成本高效益的低碳经济，努力提升气候变化合作在中欧双边关系中的地位。[6]2018 年，《中欧领导人气候变化和清洁能源联合声明》指出，中欧双方决心在气候变化

---

[1] European Environment Agency：The European Environment-State and Outlook 2020，https://www.eea.europa.eu/publications/soer-2020.

[2] European Commission：European Climate Pact，https://ec.europa.eu/clima/policies/eu-climate-action/pact_en.

[3] 中华人民共和国商务部：《欧盟理事会通过〈欧洲气候法〉》，http://eu.mofcom.gov.cn/article/jmxw/202107/20210703171713.shtml。

[4] 中华人民共和国中央人民政府：《第八次中欧领导人会晤联合声明》，http://www.gov.cn/gongbao/content/2005/content_93011.htm。

[5] European Commission：Joint Statement on Dialogue and Cooperation on Climate Change，https://ec.europa.eu/clima/sites/default/files/international/cooperation/china/docs/joint_statement_dialogue_en.pdf.

[6] European Council：EU-China joint statement on climate change，https://www.consilium.europa.eu/en/press/press-releases/2015/06/29/eu-china-climate-statement/.

与清洁能源领域大力加强政治、技术、经济和科学合作,考虑到全球在可持续发展和消除贫困的背景下,向资源集约、可持续、温室气体低排放和气候适应型经济社会的必然转型。[1]2021 年 7 月,习近平主席同马克龙、默克尔举行视频峰会,习近平表示,中方愿同欧方一道,确保昆明《生物多样性公约》第十五次缔约方大会、《联合国气候变化框架公约》第二十六次缔约方会议均取得积极成果;马克龙表示,法方愿就世贸组织改革、应对气候变化和保护生物多样性等问题继续同中方保持沟通;默克尔表示,德方希望同中方加强国际事务合作,愿同中方继续就气候变化、生物多样性、非洲应对疫情等问题保持沟通。[2]

(三) 中欧在"碳达峰、碳中和"目标下的合作机遇和挑战

后疫情时代各国经济亟须实现复苏,而当前国际贸易紧张,政策不确定性增加,应对气候变化、发展绿色金融符合中欧共同的战略目标与发展需求。中欧共同拥有应对气候变化需要国际合作的理念,目前在气候变化问题上也已形成良好的合作关系。2005 年欧盟正式开启碳交易市场(European Emissions Trading Scheme,EU-ETS),为世界上唯一一个跨国家碳排放交易体系,经过数十年的发展,欧盟碳市场已较为成熟,并建立起了较为完备的政策法规体系,其经验与教训较为丰富。中国的全国碳排放交易体系于 2017 年 12 月启动,因此欧盟在建设碳交易市场中的经验和教训可以为中国提供充分的借鉴,中欧在引领全球碳定价体系和市场建设方面也具有广阔的合作前景。在碳交易领域,中欧已形成良好的合作关系,2014 年,中欧达成了为期三年的碳交易合作项目,欧盟出资 500 万欧元,与中国 7 个碳试点城市分享碳交易经验,并为中国建立国家级的碳交易市场的制度设计提供支持。[3]在绿色金融领域,中欧都具有较为成熟的体系与较为广阔的市场,且均更新了自身的绿色金融分类标准(Green Taxonomy),表露出开发探讨制定全球绿色金融共同标准的信号。未来中欧将继续深化在气候融资和气候行

[1] European Commission: EU-China Leaders' Statement on Climate Change and Clean Energy, https://ec.europa.eu/clima/sites/default/files/news/20180713_statement_en.pdf.

[2] 新华网:《习近平同法国德国领导人举行视频峰会》,http://www.xinhuanet.com/politics/leaders/2021-07/05/c_1127625345.htm.

[3] 新华社:《碳交易,中欧正合力打造的大市场》,http://www.xinhuanet.com/globe/2018-08/14/c_137371421.htm.

动方面的合作,以绿色的方式发展经济,担当应对包括气候变化在内全球共同挑战的责任与使命。

但是,中欧合作也面临着一些挑战,中国宣布将在 2060 年前实现碳中和,欧盟则呼吁在 2050 年之前实现气候中和,其中碳中和和气候中和的定义以及区别将会影响各自气候政策的制定以及中欧之间的合作。同时,欧盟在 2020 年明确要在 2023 年前引入"碳边境调节税",中国作为欧盟最大的贸易伙伴,碳边境调节税的引入意味着中国向欧盟出口碳排放较高的产品时需要缴纳高额的碳关税,该政策一定程度可以保护欧盟碳市场中具有额外减排成本的企业,但对中国而言也会降低产品的成本优势,必然会对中欧之间的贸易产生影响。

四、 与其他国家的气候合作

(一) 气候变化南南合作的基础

在气候变化、生态环境问题成为全球治理焦点的时代背景下,将"一带一路"打造成绿色发展之路符合时代需要与发展要求,可以助力全球绿色转型,实现高质量可持续发展。为支持应对气候变化,中国积极开展气候变化南南合作,帮助发展中国家特别是小岛屿国家、非洲国家和最不发达国家提升应对气候变化能力,减少气候变化带来的不利影响:2015 年提供 20 亿美元设立气候变化南南合作基金,在发展中国家开展 10 个低碳示范区、100 个减缓和适应气候变化项目及 1 000 个应对气候变化培训名额的"十百千"项目,并于 2017 年增资 10 亿美元。[1]为落实联合国 2030 年可持续发展议程和推动实现《巴黎协定》目标,我国生态环境部与中外合作伙伴共同发起成立"一带一路"绿色发展国际联盟,目前联盟已有 152 位合作伙伴,启动了生物多样性和生态系统、绿色能源和能源效率、绿色金融与投资、环境质量改善和绿色城市等 10 个专题伙伴关系,以实现"一带一路"绿色发展国际共识、合作和一致行动。[2]

---

[1] 新华网:《〈新时代的中国国际发展合作〉白皮书》,http://www.cidca.gov.cn/2021-01/10/c_1210973082.htm.

[2] "一带一路"绿色发展国际联盟,http://www.brigc.net/。

（二）绿色"一带一路"建设

在政策领域，中国出台了一系列政策支持绿色"一带一路"的建设与发展，2017年4月，生态环境部发布《关于推进绿色"一带一路"建设的指导意见》，提出"推进绿色'一带一路'建设是服务打造利益共同体、责任共同体和命运共同体的重要举措"[1]。在从顶层设计的角度明确绿色"一带一路"建设的总体思路和任务措施过后，习近平主席在2019年第二届"一带一路"国际合作高峰论坛上强调，"要坚持开放、绿色、廉洁理念，把绿色作为底色，推动绿色基础设施建设、绿色投资、绿色金融，保护好我们赖以生存的共同家园"[2]。在现有技术体系和资源禀赋下，通过减少温室气体来减少碳排放可能会成为地区经济发展的制约。同时，应对气候变化也需要大量的投资，在此过程中金融的作用至关重要。近年来，国际多边开发银行为推动应对气候变化和减少碳排放提供了大规模融资，而作为中国倡议成立的多边开发机构——亚投行则是中国与亚洲其他国家在气候领域开展合作的基础。亚投行一直秉持高标准的发展原则，践行绿色基础设施银行的责任与使命，在气候投融资领域拥有丰富的实践经验。2020年，亚投行出台了首个中长期发展战略（2020—2030年），制定了于2025年实现气候融资比重达到50%的目标，并提出亚投行的使命是为"面向未来的基础设施"提供融资。[3]2021年5月，亚投行审议批准了《环境与社会框架政策》修订案，进一步加强对应对气候变化的决心，明确环境和社会文件的提前披露时间，完善在资本市场业务领域使用环境、社会和治理（ESG）标准的方法，进一步加强生物多样性保护。[4]截至2021年7月，亚投行共批准项目130个，分布于29个成员，获批项目分布于能源、金融、信息通讯科技、交通、水资源、城市等领域发展，设计投资金融259.3亿美元，与应对气候变化相关的能源、交通、水资源类项目分别约占据总项目数量的21%、

---

〔1〕 中华人民共和国生态环境部：《关于推进绿色"一带一路"建设的指导意见》，https://www.mee.gov.cn/gkml/hbb/bwj/201705/t20170505_413602.htm。

〔2〕 新华网：《推动共建绿色"一带一路" 凝聚全球环境治理合力》，http://www.xinhuanet.com/energy/2020-11/19/c_1126757797.htm。

〔3〕 人民网：《体现亚投行对环境保护和社会保障的高标准承诺》，http://world.people.com.cn/n1/2021/0527/c1002-32114839.html。

〔4〕 人民网：《亚投行批准〈环境与社会框架政策〉修订案》，http://world.people.com.cn/n1/2021/0528/c1002-32115500.html。

15%以及 8%。[1]

（三）绿色"一带一路"的机遇和挑战

随着全球环境治理体系的发展与完善，绿色发展成为人类发展议程的核心与要求。要想实现联合国 2030 可持续发展目标，全球各个国家和地区必须实现绿色转型，而绿色"一带一路"作为顺应全球发展趋势的概念，受到了广泛的关注与重视。作为一个负责任的大国，在建设绿色丝绸之路的过程中，中国已经在"一带一路"沿线国家建设了大量太阳能、风能可再生能源项目，帮助东道国能源供给向高效、清洁、多样化的方向加速转型，推动其绿色基础设施建设。建设绿色"一带一路"为全球可持续发展提供了中国方案，而中国作出的"不再投资海外煤电项目"的承诺也向国际社会彰显中国推动建设"绿色丝绸之路"的决心和信心。未来，中国将继续推进绿色"一带一路"的可持续建设，助力形成以国内大循环为主体、国内国际双循环相互促进的新发展格局，推动"一带一路"绿色发展国际共识、合作和一致行动的实现。

但是，在推动绿色"一带一路"发展，实现中国与"一带一路"沿线国家绿色合作过程中也面临着一些挑战。"一带一路"沿线绝大多数国家都是发展中国家，人口众多，经济增长速度快，气候变化所造成的极端天气事件对这些国家会造成严重影响，但同时这些国家也是温室气体排放量增速最快的国家，占全球碳排放量比重大。因此，"一带一路"沿线国家在减排过程中必须面对并处理经济发展与环境保护的矛盾。同时，"一带一路"沿线国家经济发展水平较为落后，直接投资到减排领域的资金有限，应对气候变化所需要的基础设施、投资渠道、绿色技术也较为缺失。因此，在推动中国与"一带一路"沿线国家绿色合作的过程中需直面经济发展水平带来的束缚。

---

[1] Asian Infrastructure Investment Bank, Project Summary, https://www.aiib.org/en/projects/summary/index.html.

第十三章

城市治理与规划

在实现"碳达峰、碳中和"目标的过程中,城市始终是推进经济社会绿色经济转型和高质量发展的重要空间和行动单元。受社会经济、技术水平、自然地理和区域文化等多个维度的影响,不同城市间的碳排放在总量、结构和达峰行动的进展上存在较大差距,城市"碳达峰、碳中和"行动方案的设计和实施需要差异化展开。此外,城乡排放结构的差异也导致针对城市和乡村制定"碳达峰、碳中和"行动方案时其治理重点应有所不同。为此,本章从城市治理、乡村建设和城乡融合三个维度为读者介绍城乡转型可能遇到的脱碳困境,并给出相应的解决方案。

一、"碳达峰、碳中和"目标下的城市治理与规划

(一)"碳达峰、碳中和"目标下的城市脱碳路径

城市是现代文明的标志,是一个国家或地区经济发展的牵引力量。改革开放以来,尤其是进入 21 世纪后,我国城镇化建设的步伐不断加快,取得了举世瞩目的成就,2019 年中国城市常住人口占全国总人口的五分之三,创造了全国 90% 的国内生产总值。[1]与此同时,城市也是我国能源消费和温室气体排放的主要来源,消耗了总能源消费量的 67%—76%,贡献了与能源类相关的二氧化碳排放总量的 71%—76%。[2]城市的排放主要来自以下三个范围:范围一是指城市辖区

---

〔1〕 Coalition for Urban Transitions:《抓住中国城市机遇:将城市置于"十四五"规划以及气候韧性和净零碳排放国家愿景的核心位置》2021 年版。

〔2〕 碳交易网:《中国城市二氧化碳排放达峰学术讨论会》,http://www.tanpaifang.com/huiyi/2020/1223/75965.html。

内的所有直接排放，主要包括城镇内部能源活动（工业、交通和建筑）、工业生产过程、农业、土地利用变化和林业、废弃物处理活动产生的温室气体排放；范围二是指发生在城市辖区外的与能源有关的间接排放，主要包括为满足城市消费而外购的电力、供热或制冷等二次能源产生的排放；范围三是指由城市内部活动引起，产生于辖区之外，但未被范围二包括的其他间接排放，包括城镇从辖区外购买的所有物品在生产、运输、使用和废弃物处理环节的温室气体排放。除了工业生产，影响城市高碳排放的主要因素包括居住地以及生活服务资源分布失衡，公共交通不能覆盖到主要通勤居民转向私人交通，[1]房地产过度开发与住房需求不适配造成的住房资源闲置等。[2]

城市可以结合自身资源禀赋和环境条件，围绕能源系统、土地利用、废弃物处理、交通和基础设施等方面，按照气候缓解、适应的优先事项（见表 13-1）制定脱碳

表 13-1　城市的脱碳路径

	气候缓解优先事项	气候适应优先事项
能源系统	提高可再生能源占比；减少没有碳捕获和储存的化石燃料份额；提高发电、传输、分配和存储的能源效率	加强现有电力基础措施；完善阶梯电价机制，通过电力需求抵消补偿抹平需求高峰；控制能源消费，提高能源效率，减少能源浪费；改善能源系统内的水管理
土地和生态系统	支持大规模森林、湿地保护，退耕还林和植树造林；合理规划土地利用，建立绿色标准和自然资产核算；鼓励饮食转变，以减少排放和土地使用压力	通过节水实践提高灌溉效率；监管不当生产生活排放造成土地废置、落荒；建立高效畜牧体系，采用气候智能作物和作物管理方法
废物处理	有机废物生物气化；减少废物包括材料或产品（含包装）设计、制造和使用；逐步禁止不可降解塑料	完善垃圾分类，提高循环利用比例，废物处理和转移效率；减少食物浪费
基础设施	实施以技术为重点的建筑措施，包括提高能源效率和燃料转换；促进向低排放和零排放公共交通转变；规划可持续出行道路（电动车、自行车、步行）；提高城市绿色照明、绿色办公在公共采购份额	建设公共数据平台，促进智能城市；降低供热、供水能耗；发展可持续水管理系统，支持废水循环利用和雨水调水

资料来源：根据 2021 年 3 月，同济大学许鹏教授《世界主要城市碳中和路径分析》和世界银行高级城市专家王雪漫《将自然带入城市》报告归纳整理。

---

〔1〕郭海燕、樊俊豪、何伟、林思婕、陈文博：《绿色生活：开启生活方式与社会治理的新篇章》，载《中金公司》2021 年 3 月 22 日。

〔2〕Drahos, P. *Survival governance：Energy and climate in the Chinese century*. Oxford University Press. Ch 8. City Pathways to the Bio-Digital Energy Paradigm, 2021.

路径图,做好相应规划和实施方案。[1]

　　在城市实施脱碳行动的过程中要充分发挥政府、企业、社区、居民四重杠杆作用。政府层面:各级政府通过制定政策、法规和基础设施投资,为生产生活方式改变创造重要条件。铁路旅行取代国内短途航班,为骑行和共享汽车提供激励机制和基础设施;限制汽油汽车;改善住房能效和电网供应商的可再生能源;确保在公共部门提供低碳食品,并制定减少食品浪费的政策。能源转型、土地利用、公共交通规划、基础设施采购、家居和电器回收机制、二手交易市场、节能产品补贴、城市绿色规划、能效体系和标准建立、食物节约和固废利用等垃圾处理政策制度的完善与实施有望补偿居民低碳生活成本、社区低碳管理和企业创新发展。企业层面:低碳技术创新、低碳办公、回收利用、共享经济、节能产品、清洁投资等。企业的积极参与可以实现绿色消费的规模经济、提供与"碳达峰、碳中和"相关的就业机会。社区层面:合理规划空间布局、社区最后一公里运输、能源供应、供水供热能耗、低碳建筑、社区医疗、节能倡导、公共设施、垃圾分类管理。居民层面:低碳出行、共享交通、调整居住结构、低碳饮食、杜绝浪费、消费低碳升级、节能环保、绿色生活方式推广、关注低碳行业就业和职业发展。

专栏 13-1

打造职住均衡、住房供需适配的集约型城市

　　《绿色城市:着力规划与治理双提升》[2]阐述了居民长距离工作通勤带来的碳排放压力,提出了构建15分钟生活圈。根据选取的北京、上海、广州、重庆、天津、杭州等36个中国主要城市测算城市合理规划布局可以减少约1 153亿公里的通勤距离,如果在城市规划模型中加入调整难度考量,仍有837亿公里。城市居住方式改变需要供应体系、土地市场、财税制度多方面的共同探讨。

　　供应体系:构建多层次住房体系,既要满足中低收入家庭的基本住房需求,也要关注以应届毕业生、专业性人才为主的流动型劳动力住房需求,减少无效

---

〔1〕 中国人民大学重阳金融研究院、中国人民大学生态金融研究中心:《"碳中和"中国城市进展报告2021(春季)》,载《重磅发布》2021年第2期,第19—28页。

〔2〕 郭海燕、樊俊豪、何伟、林思婕、陈文博:《绿色生活:开启生活方式与社会治理的新篇章》,载《中金公司》2021年3月22日。

住房供给。

土地市场：在中国房地产市场中多数的供给侧问题可以从土地市场找到原因。这需要结合现有的制度完善全国层面建设用地指标交易市场建设，构建城乡统一的建设用地市场。报告还提到，城乡统一的建设用地市场将有助于推动城乡建设，是构建"同权"的多主体供应市场的基础。

财税制度：公平合理增设房产税，增加地方政府在土地改革过程的能动性，也可以抑制房地产投机行为。

据当前住房与供需适配模式下累计新开工面积对比估算，供需匹配模式在将来40年内可以节省约212亿平方米的建筑面积。

（二）"碳达峰、碳中和"目标下城市治理与规划的重点

在实现"碳达峰、碳中和"目标的过程中，城市始终是推进社会绿色经济转型和高质量发展的重要空间和行动单元。有研究指出，中国53％的城市减排潜力来自人口在100万以下的城市，这些城市可能仍在形成和发展中。[1]因此，在城市绿色低碳发展转型的过程中，面对"碳达峰、碳中和"目标提出的明确时间表，不仅需要转变城市整体能源系统的供应和消费方式，同时还有必要将高能效循环利用体系、负排放体系建设等"碳达峰、碳中和"目标纳入整个城市的治理与规划中。

当前城市发展存在一种误区，就是碳排放峰值越高，城市发展的空间越大。殊不知碳中和刚性表明，峰值越高，碳排放清零越困难。这是因为，碳排放具有锁定效应，即高碳能源和基础设施投入，经济回收期多在30年甚至更长时间。城市的更新、老城区改造和新基建，需要纳入碳约束，严防碳锁定，从根本上削减碳需求。城市绿地、建筑立体绿化，不仅提升城市韧性，而且吸收大气二氧化碳形成碳汇或生物质能，是碳中和的必要手段。同时，城市的新建、扩建或改建，也需以碳中和为取向。一切新建、改建严格避免高碳锁定；合理控制大城市的规模，要逐步提升城市内部碳中和的能力，减少对外部零碳能源和负碳技术

---

[1] 王凯：《碳中和愿景下的城市绿色发展》，2021年5月29日在中国城市规划学会国外城市规划学委会上所作的报告，有删减。

的需求。[1]

"碳达峰、碳中和"目标下城市治理与规划的重点和难点在于能源规划、空间规划和基础设施建设等方面。首先是城市的能源规划。基于城市建筑、交通、工业等方面总体用能需求和节能减排目标,通过一体化的源网荷储协同设计提升能源体系效率,优化转换与传输关系,加大余废资源的有效利用,配置高效的能源系统,提升单位 GDP 能源利用率,优化城市的资源能源配置,实现能源清洁、高效、可靠的阶梯利用。将综合能源规划作为城市层面能源体系转型,实现综合能源发展的重要抓手,可以成为助力"碳达峰、碳中和"的系统性制度安排。

其次是城市的空间规划。以改善人居环境,探索自然、人、社会、居住和支撑网络五大系统如何在城市这一单元有机融合,和谐共存为建设规划目标。城市空间结构可以通过影响居民的出行方式和住宅能耗来影响碳排放,城市治理和规划既要考虑土地利用和住宅供需,避免重复性建设的合理空间规划,也要从城市交通可达性、施工建设减排新工艺、后期运营低能耗、水电供应低损耗各个环节优化减排。[2]

最后就是基础设施建设。过去数十年里,基础设施作为我国经济社会发展的重要支撑,对提升生产效率、改善人民生活质量起到了巨大的促进作用。但随着"碳达峰、碳中和"目标的提出,社会生产生活模式的改变使得城市基础设施建设面临着前所未有的挑战。原有基础设施逐渐难以满足社会高效运作的需求,新一代基础设施建设的呼声越来越高。此外,在"碳达峰、碳中和"目标下,我们既要考虑城市资源禀赋和环境差异、技术发展瓶颈和局限,也要考虑实现路径的设计和难题,还要考虑转型带来的环境、就业等问题的社会风险和成本。

(三)"碳达峰、碳中和"目标下城市治理与规划的原则

受社会经济、技术水平、自然地理和区域文化等多个维度的影响,我国不同城市的碳排放在总量、结构和达峰行动的进展上存在较大差距,城市"碳达峰、碳中和"行动方案的设计和实施需要差异化展开。在这一背景下,作为城市绿色低碳

〔1〕 潘家华:《建设美丽城市要突出碳中和取向》,载《经济日报》2020 年 12 月 27 日。
〔2〕 张赫、于丁一、王睿、冷红、贾卓:《面向低碳生活的县域城镇空间结构优化研究》,载《规划师》2020 年第 24 期,第 12—20 页。

转型的顶层设计和重要抓手，城市治理和规划需要坚持如下原则。

首先，要全面深入地调查城市的基础情况，根据明确的城市排放边界编制温室气体清单，同时对"碳达峰、碳中和"相关的国家规划和政策、城市相关法律、法规和政策制度进行收集和整理，并对城市自然气候条件、资源环境承载力、社会经济发展状况进行充分的了解和分析，以制定出切实可行且因地制宜的规划。

其次，要确保"碳达峰、碳中和"目标的城市规划与其他规划的协调性和一致性。城市发展规划的制定，要以国民经济和社会发展五年规划、城市总体规划和土地利用规划为依据，对这些规划中有关"碳达峰、碳中和"的内容在时间和空间尺度上进行细化。与"碳达峰、碳中和"目标有关的城市规划应保证其内容自成逻辑体系，同时又与城市主干规划和相关专项的规划充分衔接。

最后，城市的治理与规划要以国家对城市的总体定位为基础设定相应的发展目标。"碳达峰"目标在城市低碳发展中的核心是温室气体绝对（峰值目标）排放量的控制。对于城市量化目标的设定强度应考虑城市的具体发展情况。低碳城市建设应全面达到国家各项规划中约束性目标和量化标准的基本要求；针对具备条件的城市应努力达到试点示范提出的更高标准要求；在完成国家下达或试点示范任务之外，鼓励低碳省市根据自身实际情况，提出并完成更积极的低碳发展目标。

（四）"碳达峰、碳中和"目标下城市治理与规划的要点

1. 考量不同城市的排放差异和发展阶段

在具体进行城市的"碳达峰、碳中和"顶层设计的过程中，应将不同类型城市的碳排放结构及所处的发展阶段充分纳入考量，因地制宜地规划与设计"碳达峰、碳中和"行动方案。已有相关研究考虑人口、经济发展水平、产业结构、能源消耗强度、城市化水平以及人均碳排放六个静态指标，以及人口增速、GDP 增速、城市扩张增速、碳排放增速的四个动态指标对中国地级城市进行聚类。将我国城市碳排放的类型大致分为低碳潜力型城市、低碳示范型城市、人口流失型城市、资源依赖型城市和传统工业转型期城市。[1]

---

[1] 郭芳、王灿、张诗卉：《中国城市碳达峰趋势的聚类分析》，载《中国环境管理》2021 年第 13 期，第 40—48 页。

对于"低碳潜力型城市",需要规避传统的"先污染后治理"的工业化老路,以布局低碳产业体系为重点,鼓励创新以及发展战略性新兴产业。对于"低碳示范城市",由于该类城市的能源供应主要依靠外地调入,产业结构的低碳转型已基本完成,消费侧碳减排任务面临着较大挑战。这类城市应加快探索碳中和路径,建设新型达峰示范区,引导消费侧低碳转型。对于"人口流失型城市"的经济和碳排放仍呈现缓慢增长趋势,因此预计这类城市在达峰期碳排放会继续缓慢上升,随后这类城市应注重协调低碳发展与经济增长、就业的关系。对于"资源依赖型城市"长期依赖能耗大、产值低的资源开采和加工行业,能源供给的低碳转型形势严峻,部分城市主导产业已出现萎缩。这类城市应提高资源的使用效率,构建多元化产业体系。对于"传统工业转型期城市"尽管产业结构仍具有较大的调整和转型空间,但减排效果已初见成效、碳排放增长相对较缓。这类城市应积极运用低碳技术改造和提升传统产业,加快淘汰落后产能。

2. 充分发挥城市群的重要作用

城市群扮演着重要角色。[1]作为城镇化发展的一种高级空间形态,城市群在城镇体系中是重要的枢纽,并日益成为参与竞争的主体。在我国实现社会主义现代化的过程中,城市群将依然是我国城镇化的主要空间形态,是我国经济发展最具活力和潜力的核心增长极。城市群是城市在区域发展趋势下的发展方向,一方面需要担负生态文明建设和绿色低碳发展的任务,另一方面在产业集聚和空间布局、交通物流综合规划等方面具有明显优势,因此为探索开展区域性碳中和行动的协同增效奠定了一定的基础。在今后城市群的发展规划中,应重点关注以下三个方面:

第一,产业协同。产业协同的本质是各功能区的产业结构重组,重点是理顺各区域的产业分工。在此前提下,需注意产业异地转移过程中高能耗产能的无序扩大,抓住产业结构重塑的机会,加大对高耗能、高污染落后产能的淘汰力度。第二,交通一体化。在城市群发展过程中,应重点建设城市群各区域间的大交通网络。优化基础设施、统一物流规划,从而提高货运效率并实现绿色交通。第三,能源优化。低碳能源是城市群低碳发展的核心保障。在建设城市群过程中,应从战略的角度,宏观上构建符合本区域发展特征的低碳能源体系。有效利用区域内的

〔1〕 落基山研究所:《中国城市群碳排放达峰之路:机遇与探索》,2019 年 5 月。

资源禀赋，并配合基础设施建设，推广生物质能源、可再生能源在工业、建筑、交通等多领域的使用。

二、"碳达峰、碳中和"目标下的乡村建设

（一）城乡的排放差异

截至 2018 年，我国农村人均碳排放已达 2.46 吨。[1]由于城市和农村因供能体系、用能习惯、产业结构、土地规划利用和基础设施水平等方面的不同，导致排放结构上存在较大的差异，因此城市和农村之间的排放总量和人均排放量并不具有可比性。但相较之下，农村人均排放水平正呈逐年上升的趋势，并且随城市化水平、有效灌溉面积、农业机械化水平、收入水平以及住房条件等提高而增加。[2]城市和农村地区碳排放增长的影响因素如图 13-1 所示，有研究指出，我国人口基数决定的肉蛋奶和日常需求随生活水平提升持续增长，在保障粮食安全及社会可持续发展前提下，实现农村地区的"碳达峰、碳中和"目标的任务压力较大。[3]

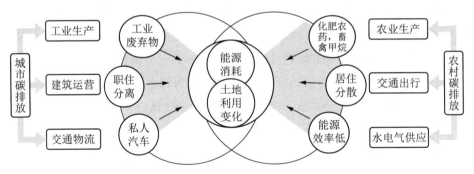

资料来源：作者整理绘制。

图 13-1　城乡碳排放差异

〔1〕 Sun, M., Chen, G., Xu, X., Zhang, L., Hubacek, K., & Wang, Y. Reducing carbon footprint inequality of household consumption in rural areas: Analysis from five representative provinces in china, 2021.

〔2〕 卢晓晴、方媛、梁泽奇：《农村用电碳排放变化驱动因素研究》，载《广东工业大学学报》2021 年 9 月第 38 卷第 5 期，第 90—96 页。

〔3〕 高志民：《碳中和，农业农村如何发力？》，载《人民政协报》2021 年 3 月 25 日，《新浪财经综合》转载，https://finance.sina.com.cn/jjxw/2021-03-25/doc-ikkntiam7794557.shtml.

城市和农村共同的主要碳源包括生产和生活能源消耗、[1]建设用地的建材消耗和废弃物、交通运输和出行、土地利用变化带来的碳排放,城市的额外碳排放来自职住分离带来的交通系统中私人汽车碳排放和工业生产废弃物,农村主要额外碳排放源为农业系统的化肥农药使用、畜禽甲烷排放和分散居住带来的水电气供应低效率能耗(见图 13-1)。

专栏 13-2

布里斯班的碳中和

2016 年,澳大利亚布里斯班市宣布实现碳中和,每年更新碳中和年度计划,包括测量垃圾填埋、建筑用电使用、街灯和经济活动包含码头的燃料使用,并根据排放量购买碳抵消计划。2007 年 7 月至 2016 年 6 月期间,市议会购买了近100 万吨碳抵消,以抵消其燃料使用和商务旅行的排放。

为减少电力消耗,市议会正在对其建筑物和设施、城市街道和其他公共场所的照明进行升级和更换,有超过 25 000 盏路灯进行了升级,街道和其他公共照明中的所有新灯和替换灯都将尽可能采用 LED 和节能灯。不仅如此,市议会积极部署太阳能等可再生能源,这些能源可以满足 20%—30% 的电力需求,预计在 4 到 10 年收回成本。截至 2020 年 12 月,市议会站点已经安装了超过2.2 兆瓦的太阳能电池板,每年可生产约 3 300 兆瓦时的电力,相当于为布里斯班 604 户家庭提供一年所需的能源。[2]

---

1. 交通出行方式的差异

我国城乡公共出行的主要方式包括公共交通、出租车。私人汽车出行的偏好给城市的碳排放带来了压力,当前城市交通能源需求仍以化石能源为主,但是随着城市基础设施的不断完善,公共汽(电)车及轨道交通增加、新能源汽车行业发

〔1〕 宋丽美、徐峰:《乡村振兴背景下农村人居环境碳排放测算与影响因素研究》,载《西部人居环境学刊》2021 年第 36 卷第 2 期,第 36—45 页。
〔2〕 Birsbane City Council:Carbon Neutral Council. https://www.brisbane.qld.gov.au/about-council/governance-and-strategy/vision-and-strategy/reducing-brisbanes-emissions/carbon-neutral-council (2021.09.17).

展，城市居民出行方式已不断向绿色交通方向发展。[1]与此同时，大数据、计算机技术、信息技术的发展进一步推动城市交通管理的发展，越来越多的城市重视智慧城市和智能化交通系统的建设。但现阶段交通规划及交通信息的采集仍然依靠人工，绝大多数城市交通管理及交通指挥也依然以人工为主，现代城市交通管理信息化发展不够，交通管理水平有待提升。[2]

　　虽然近几年来我国在农村道路建设过程中已经取得了一定的成就，但是很多区域农村经济的发展还是需要更加便捷的交通，因此，农村道路的建设和管理工作还是有待加强。[3]一方面，农村公路的配套设施不仅为居民出行带来了不便，也为公共交通的推广带来难题，以面包车、摩托车、电动车为主的农村出行也给农村道路交通绿色转型带来了压力。另一方面，农村的交通状况还间接影响农村旅游业和农村物流的碳排放。乡村旅游的发展客观上保护并提升了当地自然生态系统的碳汇能力及其生态服务功能，但与此同时，旅游交通又造成了旅游业大量的碳排放。[4]除此之外，包含了农业生产资料采配、农产品上行、城市工业品下行和农村废弃物回收处理等诸多内容的农村物流，目前仍属于高能耗产业，也是目前我国唯一碳强度持续增加的行业。[5]

　　2. 土地利用变化的差异

　　IPCC 第五次评估报告指出，气候变暖 95% 可能是化石燃料燃烧和土地利用变化等人类活动造成的。据估算，1850 年至 1998 年全球土地利用变化引起的碳排放是人类活动影响碳排放总量的三分之一，我国 1950 年到 2005 年间土地利用变化累计碳排放 10.6 Pg 占总量的 30%。主要包括建设用地扩张、采

〔1〕 张雪峰、宋鸽、闫勇：《城市低碳交通体系对能源消费结构的影响研究——来自中国十四个城市的面板数据经验》，载《中国管理科学》2020 年 12 月第 28 卷第 12 期，第 173—183 页。

〔2〕 刘卫国：《绿色低碳理念下现代城市交通规划措施分析》，载《住宅与房地产》2020 年 11 月，第195—196 页。

〔3〕 赵清源：《农村公路交通建设中的问题及应对措施分析》，载《社科论坛》2021 年第 10 期，第 103—105 页。

〔4〕 张凤琴、丁雨莲：《乡村旅游地能源消耗的二氧化碳排放估算及减排对策研究》，载《安徽工业大学学报》（社会科学版）2018 年 2 月第 35 卷第 1 期，第 20—23 页。

〔5〕 任泽中、陈曦、徐静：《农村物流低碳化发展的影响因素及其作用机理》，载《统计与决策》2020 年第11 期，第 82—85 页。

矿用地,大量耕地和草地被转化成采矿用地和建设用地等。[1]不同的土地利用类型二氧化碳排放强度时空差异较为显著,其中城镇村及工矿用地扩张是导致二氧化碳排放增长的主要原因之一。[2]针对耕地、园地、林草、草地、水域、城镇工矿用地、交通运输用地和农村居民点八种土地利用碳核算的研究发现(见图13-2),耕地的转出是碳汇损失的最重要原因,城镇工矿用地是耕地转出的主要构成,由于碳排放强度不同,在碳汇用地内部以及碳源用地内部发生转入转出时,也会造成碳汇的增减。例如,耕地转为园地时会造成碳汇损失,城镇工矿用地转为交通运输用地时反而会降低碳源作用。[3]

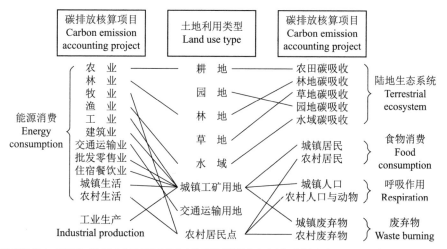

资料来源:於冉、田思萌:《基于承载关系的合肥市土地利用碳排放效应分析》,载《安徽农业大学学报》2016年第43卷第6期,第939—945页。

图13-2　土地利用类型与各碳排放细化核算项目承载关系

(二) 乡村的脱碳路径和建设重点

农村低碳化是一种以"低能耗、低污染、低排放"和"高效能、高效率、高效益"

〔1〕　程苗苗、王辉、马刚、钱倬珺:《基于遥感影像的平朔矿区碳汇变化及预测研究》,载《中国矿业》2020年3月第29卷第3期,第80—87页。

〔2〕　阿依吐尔逊·沙木西、艾力西尔·亚力坤、刘晓曼、蔡博峰、陈前利、冯彤、菊春燕、李松、张飞云:《乌鲁木齐土地利用碳排放强度时空演变研究》,载《中国农业资源与区划》2020年2月第41卷第2期,第139—146页。

〔3〕　於冉、田思萌:《基于承载关系的合肥市土地利用碳排放效应分析》,载《安徽农业大学学报》2016年第43卷第6期,第939—945页。

为主要特征，以较少的温室气体排放获得较大产出的新的经济发展模式，农村低碳化发展是农村治理面临的主要挑战也是必然选择。[1]其中，农业生产存在高排放高污染的问题，中国在过去 30 年间的化肥施用量增长了 300%，粮食增产 63%，化肥施用量远高于全球平均水平，导致营养大量流失以及地表和地下水的污染。[2]我国人口增长、人均收入的增加以及饮食习惯的变化都使得未来粮食需求将不断上升，因为土壤退化、资源稀缺和气候变化，我国的粮食增产会变得愈加困难，粮食安全和农业可持续发展是中国面临的一大挑战，而依托资源环境优势发展本地特色农业才是乡村绿色发展的关键和根本。除了农业生产的低碳化以外，还可以围绕能源转型、废弃物处置、住宅和土地利用等方面制定农村的脱碳路径（见表 13-2）。

表 13-2　农村的脱碳障碍和解决方案

	脱碳障碍	解决方案
能源转型	缺乏技术和资本支持	普惠金融，推广可再生能源电价上网；扶持农村清洁能源创业
生活生产废物处理	效率低，缺乏管理	发展生物质能，BECCS 负碳技术
住宅	建筑材料、建房规模小、居住散乱	集约化居住，为农村居民点提供补贴
土地利用	缺乏有效的核算、监管体系	绿色 GDP，生态核算

1. 能源转型

按照"十四五"绿色低碳发展目标，构建农村清洁能源体系是满足农民美好生活和适应气候变化的首要目标。燃煤和能源效率不足 20% 的传统柴灶的农村生产、工商经营和取暖做饭的主要来源，我国农村能源浪费现象和能源利用效率随我国经济、能源和政策变化得到了一定改善，但是煤炭仍占据能源消费主要地位。[3]农村的节能技术需要因地制宜，如基于农村生物质资源畜禽粪便、秸秆等

---

[1]　莫桂烈：《农业低碳化：农村治理体系和治理能力现代化的路径探索——以桂林市为例》，载《经营管理》2020 年 7 月，第 66—69 页。

[2]　Liu, B., Gu, W., Yang, Y. et al. Promoting potato as staple food can reduce the carbon-land-water impacts of crops in China. Nat Food 2，570—577（2021）. https://doi.org/10.1038/s43016-021-00337-2.

[3]　孙若男、杨曼、苏娟、杜松怀、李鹏、郑永乐：《我国农村能源发展现状及开发利用模式》，载《中国农业大学学报》2020 年第 25 卷第 8 期，第 163—172 页；丁历威、胡建根、刘强、吕洪坤、李磊、王茂贵：《农村能源消费结构分析及能效提升典型建议》，载《节能》2021 年第 4 期。

作物发展生物质能，基于自然开发太阳能、小风能、水能；基于节约能源开发农用节能电器。

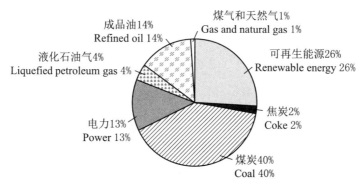

资料来源：孙若男等：《我国农村能源发展现状及开发利用模式》；根据 2017 年农业资源环境保护与农村能源发展报告制图。

图 13-3　2016 年我国农村能源消费占比

2. 生活生产废物处理

农村的固体废弃物主要来自生活垃圾、农业种植废弃物和乡镇企业工业废弃物。我国已经在部分经济较为发达的农村地区，建立了完善的垃圾转运和处置基础设施，但在具体执行过程中仍面临运营成本高、缺少人力维护的难题：大量有机垃圾未被利用、简单填埋焚烧处理带来二次污染、大量遗漏垃圾破坏土壤，通过食物链影响人的身体健康。长期以来，各地对农村环境治理的关注缺乏、资金不足、意识淡薄，解决这些问题需要发展基层政府、乡镇企业、农村居民多方参与的长期有效合作机制。

3. 农村住宅

我国城市和现代化快速发展，带来了农村人口外出务工的劳动力迁移，农村废弃宅基地和闲置住房增加。由于村落的空间区位效能不能适应农户的生产生活需求，农户居住场所发生了空间迁移，长期住宅建新与房屋拆迁不同步积累形成了村庄"空心化"，不仅带来安全隐患，还造成了土地资源的浪费。[1]

4. 土地利用

"十四五"温室气体控制目标和 2030 年达峰目标分解中应将国土空间开发格局纳入考虑范围，根据地区资源禀赋和环境条件分配目标。例如，西部省区应承

---

[1] 肖林、胡玲、戴柳燕、李红：《农村"空心房"整治复垦类型特征及其影响因素——以汨罗市为例》，载《经济地理》2021 年 1 月第 41 卷第 1 期。

担相对比较严格的降碳目标；部分生态屏障型省区还应提升碳汇的要求。[1]在农用地内部结构调整中，土地开发权性质和土地管理将影响土地公平发展。当前农业土地管理存在选址小散乱、农业用房破坏耕作层、缺乏系统农业设施用地和建设标准、超范围使用和缺乏相关法规、监管薄弱等问题。[2]

专栏 13-3

生物质能 BECCS 负碳技术助力乡村振兴

BECCS 是一种依赖于植物进行光合作用并生成生物质燃料，除去大气中的二氧化碳的负碳技术，对土地、化肥、水源和资金等都有着巨大的需求。发表在《自然·通讯》上的一项研究表明，充分部署生物质中速热解多联产（BIPP）系统能够使中国 2030 年的单位 GDP 碳排放相比 2005 年下降 61%。在 2020—2030 年期间，利用中国 73% 的秸秆进行生物质热解能够使其累计温室气体减排量在 2050 年最多达到 8 620 Mt CO_2-eq，这相当于全球通过利用生物质能碳捕捉与碳封存技术（BECCS）减排目标的 13%—31%，超出中国 BECCS 预计的温室气体减排目标 4 555 Mt[3]。

启动和实施一个支持生物质原料生产的系统包括农村地区的综合收集—运输—预处理设施，通过收集能源作物和森林残留物，增加原料资源的生物多样性，最后发展材料储存设施，以保证生物质原料在所有季节的可用性。通过政策激励和农民收集秸秆，可以因地制宜利用农村生物质资源优势，鼓励建立农业碳交易、自愿碳汇项目等资金补偿和转移支付机制还可以实现农户就业和减排的共同效益。

---

[1] 朱松丽、刘嘉、高翔、姜克隽、袁文、周湘：《与国土空间开发格局相适应的低碳发展的区域分类初探》，载《中国人口·资源与环境》2019 年第 29 卷第 10 期，第 99—105 页。

[2] 仇叶：《土地开发权配置与农民市民化困境——对珠三角地区农民反城市化行为的分析》，载《农业经济问题》（月刊）2020 年第 11 期，第 42—53 页；李永乐、吴群、何守春：《土地利用变化与低碳经济实现：一个分析框架》，载《国土资源科技管理》2010 年第 27 卷第 5 期，第 1—5 页；赵建强、朱秀鑫、赵哲远：《关于规范设施农业用地管理的政策研究——以浙江省为例》，载《上海国土资源》第 41 卷第 4 期，第 56—59 页。

[3] Yang Q., Zhou H., Bartocci P., Fantozzi F., Mašek O., Agblevor F. A., ... & McElroy M. B. Prospective contributions of biomass pyrolysis to China's 2050 carbon reduction and renewable energy goals. *Nature communications*，2021，12(1)，1—12.

　　此外,值得注意的是,在"碳达峰、碳中和"目标下乡村治理和规划中,还应注意城镇化过程中的资源分配问题。城镇化是农村地区向城市地区演变的自然过程,我国的城镇化水平在过去几十年急速增长,2016 年达到 57.4%,在世界范围内处于中等水平。在城镇化过程中,我们除了关注城市治理、绿色发展,也要考虑城乡资源分配的公平性问题。[1]我国农村已经实现整体脱贫,电和天然气的普及改善了农民的生活条件,但是城乡能源发展差距很大,农村清洁能源发展仍不能满足农民对美好生活的期待。根据 2020 年国资报告,农村能源消费量约 5.92 亿吨标煤,农村能源为振兴乡村提供重要的物质基础。[2]2019 年 9 月,西藏阿里与藏中电网联网工程开工,为保障 38 万藏区百姓安全可靠用电。仅在 2016 年至 2019 年期间,国家电网、南方电网为安排农网升级改造投资 6 459 亿元、1 520 亿元。[3]光伏扶贫等能源精准扶贫工程的实施为农村生活改善、增加农民就业做出了突出贡献,但在城乡差距和发展中还有很多空白需要填补。

---

〔1〕 郑晓奇、刘强、曹颖、张象枢:《中国城镇化低碳发展研究》,载《环境与可持续发展》2018 年第 3 期,第 98—102 页。

〔2〕 《振兴农村能源决战脱贫攻坚》,载《国资报告》2020 年 8 月 10 日,http://www.sasac.gov.cn/n2588025/n4423279/n4517386/n15338613/c15338664/content.html。

〔3〕 东方财富网:《可再生能源消费量居世界首位! 2020 年中国能源大数据报告出炉!》,https://baijiahao.baidu.com/s?id=1669181512743392871&wfr=spider&for=pc。

第十四章

公众教育与全民行动

实现"碳达峰、碳中和"目标任重道远,公众对气候应对必要性和"碳达峰、碳中和"行动路径的理解是影响"碳达峰、碳中和"进程的重要因素,努力突破现有社会认知的边界,有助于形成全社会共同守护和参与的共识与行动。为此,笔者希望通过一份"气候知识自测表"的调查结果揭示当前公众对气候行动的理解和认知水平,从宣传、教育和引导三个方面分析促进公众行为的改变的难点和行动误区;接着从公众教育和行动倡导两个赛道对建立全民行动体系的目标进行拆解,在强调政府、企业、学校、媒体、社会组织和机构在加强公众教育和行动中应该扮演什么样角色的同时,为其提供可能的工具抓手。

一、 公众教育和全民行动的现状与挑战

(一) 公众气候认知基础差,气候素养亟待提升

气候变化作为全球性的问题,具有强烈的"参与式民主"特征,随着知识社会的发展,"公众参与"取代了传统的"公众理解"范式。公众在气候方面的认知、技能、态度与行动等都被认为是公众的气候素养,而气候素养的提升很大程度上决定了气候治理的最终效果。公民气候素养的内涵不仅包括公民对气候相关概念、气候变化的社会影响、气候相关技能的认识,对适应气候及应对气候变化行为的积极实践,还包括公民是否了解基本国情和气候概况,以及对各种气象灾害是否具备防患和保护气候资源的意识。[1]

---

〔1〕 卜勇、毛恒青、贾静淅:《气候素养,你具备吗?》,http://www.cma.gov.cn/kppd/kppdmsgd/201408/t20140829_259250.html。

目前,我国公民对气候议题的认知还处于"高风险、低认知、少行动"的基础阶段。尽管我国公众对气候变化的危害性和气候目标的了解程度较高,[1]但对气候变化的原因、温室气体类型、排放场景、核算体系等方面的认知水平仍然较低,[2]了解有效的减排路径并采取切实行动的比例就更低。[3]从基本空白的气候认知,到建立正确的生产生活环保理念,再到构建全民参与的气候行动体系,全民气候素养的提升需求给气候教育带来了巨大的挑战。

造成这一现象的主要原因包括:气候科学的复杂性为公众了解和认识设置较高门槛;气候变化的抽象概念让公众难以凭感觉对气候变化做出准确判断;公众对气候变化的态度源于个体行动对应对气候变化产生实际作用的考量,在没有引导和激励的情况下难以主动采取行动。[4]此外,当前对于气候应对和"碳达峰、碳中和"行动的科普良莠不齐,鲜少针对公众提出切实可行的脱碳路径,低碳行动的激励机制有限,缺少公众参与相关决策和科学行动的渠道,公民接受气候教育的场景和渠道存在局限,针对公众低碳教育的方式缺乏互动和参与模式,这些问题都为建立长期有效的全民行动体系造成了一定阻碍。

专栏 14-1

气候知识自测表

一、气候知识

1. 温室气体排放是气候变化的重要成因之一,其原理主要是:[单选题]

　　A. 温室气体吸收太阳辐射,导致地球温度升高

---

〔1〕 李玉洁:《基于全球调查数据的中国公众气候变化认知与政策研究》,载《环境保护科学》2015 年第 41 期第 2 卷,第 26—31 页。

〔2〕 2021 年 8 月,清华大学产业发展与环境治理研究中心(CIDEG)调研收集了 25 个省市的 213 位公众对气候和碳中和知识的问答,该调研通过问卷星进行,由 CIDEG 和清华公管微信公众号发布和转发,并在 Bilibili 视频网站评论区推广。8 月 16 日至 22 日调研期间共收到 940 次问卷访问,收回问卷 236 份,其中有效问卷 213 份。

〔3〕 邵慧婷、罗佳凤、费景敏:《公众气候变化认知对环保支付意愿及减排行为的影响》,载《浙江农林大学学报》2019 年第 36 期第 1 卷,第 1012—1018 页。

〔4〕 李玉洁、王振红:《公众应该怎样应对气候变化?》,http://cn.chinagate.cn/news/2015-07/26/content_36149615.htm。

B. 温室气体不能吸收太阳辐射，热量离开地球缓慢

C. 温室气体阻碍了向太空的热辐射，热量离开地球缓慢

D. 温室气体不能被大气层吸收，地球表面向宇宙辐射增加

2. 温室气体核算体系（GHC Protocol）将温室气体排放划分为 3 个范围，以下哪些场景属于范围三？［多选题］

A. 企业拥有或控制锅炉、熔炉、车辆等燃烧产生的排放

B. 企业供应链提取和生产所购材料和燃料的间接排放

C. 城市内电网电力和区域供暖、制冷等二次能源产生的间接排放

D. 为城市内电网电力和区域供暖提供外部输配调度

3. 人类活动造成温室气体排放的主要场景有哪些？［多选题］

A. 化石能源使用产生二氧化碳（CO_2）

B. 农业生产、畜禽粪便产生甲烷（CH_4）

C. 交通运输过程产生氮化物尾气（N_2O）

D. 使用含氟碳化物（HFCs）冰箱、空调制冷

4. 什么是碳中和、碳达峰？［单选题］

A. 碳达峰是指 CO_2 排放量达到历史最高值，之后进入逐步下降阶段；碳中和，是指特定时期内一个国家、企业或团体的人为 CO_2 排放量与植树造林、碳捕获封存等人为 CO_2 移除量相等。

B. 碳达峰是指温室气体排放量达到历史最高值，之后进入逐步下降阶段；碳中和，是指 CO_2 的排放量与 CO_2 的去除量相互抵消。

C. 碳达峰是指温室气体排放量达到历史最高值；碳中和，是指特定时期内一个国家、企业或团体的人为 CO_2 排放量与植树造林、节能减排等形式，抵消自身产生的 CO_2 排放。

D. 碳达峰是指 CO_2 排放总量达到历史最高值；碳中和，是指 CO_2 的排放量与 CO_2 的去除量相互抵消。

5. 2016 年联合国气候变化公约通过的《巴黎协定》约定全球平均气温较工业化前水平升高控制在（　　）之内，2018 年 IPCC 发布了（　　）新目标。［单选题］

A. 2.0℃；2.5℃　　　　　　　　B. 2.5℃；2.0℃

C. 2.0℃；1.5℃　　　　　　　　D. 1.5℃；2.0℃

6. 我国碳排放最主要的产业是什么？[单选题]

    A. 钢铁   B. 电力   C. 建材   D. 化工

7. 我国碳排放最多的地区是？[单选题]

    A. 河北   B. 江苏   C. 广东   D. 山东

8. 哪些生产方式带来碳排放增加？[单选题]

    A. 降低印染单位水耗

    B. 提高鱼塘养殖饲料效率

    C. 多次更换土地利用类型、反复建设

    D. 用捕集 CO_2 生产聚氨酯材料、可降解塑料

9. 以下哪些生产方式改变可以带来碳排放减少？[单选题]

    A. 建筑分散施工代替集中规划施工

    B. 使用风电替代传统煤电

    C. 运输业使用航空运输代替海运

    D. 红树林改造为牧场

10. 如果我们不对气候变化采取行动，对社会和环境有怎样的影响？[多选题]

    A. 极端气候、洪水、地震频发

    B. 气温小幅上升，除了热了些没有别的变化

    C. 生态系统遭到破坏，濒危和灭绝物种不断增加

    D. 地球有自我修复能力，大自然可以承受这些

二、气候行动

11. 以下哪些政策和规划可以助力社会脱碳？[多选题]

    A. 提高铁路旅行消费税，提供航空飞行补贴

    B. 出台政策扶持住房能效和电网供应的可再生能源

    C. 完善二手交易市场，建立家居和家电回收机制

    D. 降低电价，促进居民能源消费

    E. 建立绿色标准、碳足迹审核机制

12. 以下哪些企业生产活动可以构建脱碳路径？[多选题]

    A. 增加产品和企业内部碳定价

    B. 增加企业生产能源消费、提高能源效率

C. 减少包括材料或产品设计、制造和使用过程产生的废物

D. 减少在低碳技术创新研发资金投入

13. 以下哪些社区层面活动可以帮助减少碳排放? [多选题]

A. 支持住户用电使用光伏等清洁能源

B. 改善厨余垃圾处理、家具家电等二手回收社区管理

C. 完善社区配套设施、优化社区布局

D. 相较家庭能源、饮食消费、优先关注供水供热能耗

14. 关于双碳国际和国家行动,以下哪些选项的理解是正确的? [多选题]

A. 建立健全碳交易市场可以避免碳遗漏、帮助低碳行业发展

B. 碳排放主要来自工业生产,企业只要投资或购买绿色碳汇就可以实现碳中和

C. 全球家庭生活和食物浪费造成的碳排放约占总排放的三分之一

D. 欧盟计划在 2030 年比 1990 年减少 45%—50%温室气体

E. 国家的双碳目标不仅可以节约能源和资源,还可以避免环境污染和生态系统破坏

15. 以下的活动中,从左到右哪一个选项代表碳足迹从大到小? [单选题]

A. 纯棉上衣、涤纶上衣　　　　B. 私家车出行、公共汽车、电动车

C. 独居、共享租房、家庭为单位居住　　D. 羊肉、牛肉、鸡肉

【答案】

1	2	3	4	5	6	7	8	9	10	11	12	13	14	15
C	BD	ABCD	A	C	B	D	C	B	AC	BCE	AC	ABC	ACE	C

(二) 全民行动体系建设缓慢,长效机制有待形成

在应对气候变化的全民行动中,我国一直强调构建"政府主导、媒体引导、NGO 推助、企业担责、公众参与、智库献策"的"5＋1"行动体系。各部门需要发挥各自优势,建立长期有效的合作机制。政府需要提供顶层设计、行动指导、政策激励,还需要进一步开放信息平台,让公众所需的科学素养与媒介素养在对话与互动中构建,互联网平台提供的行动渠道、信息便利、互动参与、记录回馈机制有助

于公众的绿色实践；[1]媒体要更积极主动地为公众搭建信息渠道和舆论平台：传播、阐释与解读气候变化科学知识，维护公众知情权与监督权，通过舆论监督在环境生态治理发挥能动作用，为涌现的新气候、能源变革者提供发声口；[2]企业需要发挥市场活力，提供更多定价合理、选择丰富的低碳产品和服务；社会组织需要有效发挥助推角色，充分利用其社会网络的影响推广低碳消费行为，引导帮助家庭和个人参与气候行动。此外，需要特别强调中国特色新型智库的关键作用，发挥其研究、育人、科普等重要优势，履行服务国家重大战略需求、创新人才培养、引领公众行动等社会责任，发掘更多的优秀企业、行业、社区案例，为全民行动体系的建立提供优秀范本和智力支持。

专栏 14-2

"零碳智库"(Carbon-Neutral Think Tanks, CNTT)倡议

十八大以来，习近平总书记就"加强中国特色新型智库建设"作出多次重要讲话及批示，将其视为实现我国公共决策科学化、民主化和法制化的重要支撑。锚定国家重大战略需求，突出问题导向、应用导向，强调决策研究的前瞻性、针对性、有效性，成为中国特色新型智库建设的目标和重要内容。自我国"碳达峰、碳中和"战略目标提出以来，如何围绕政府部门的科学谋划、经济部门的统筹协调和社会公众的广泛参与等内容开展政策决策服务，提升智库双碳决策服务能力和水平，逐渐成为该时期赋予中国特色新型智库的历史使命。2021 年 9 月，由清华大学公共管理学院多家智库机构联合发起了"零碳智库"(Carbon-Neutral Think Tanks, CNTT)倡议，其理念与新时期高端智库建设的内在需求不谋而合，旨在加强双碳相关联合研究、技术攻关、建言献策等政策咨询服务的同时，强调机构自身管理运营低碳转型，以及低碳理念的传播和行为示范，通过创新育人、公众教育等途径形成广泛的引领效应，成为"零碳智库"的践行者和推动者。

---

[1]　生态环境部环境与经济政策研究中心：《互联网平台背景下公众低碳生活方式研究报告》，载《环境与可持续发展》2019 年第 6 期，第 34、48 页。

[2]　郑保卫、覃哲、郑权：《气候传播中公众的角色定位与行动策略——基于中国"绿色发展"理念下的思考》，载《理论前沿》2021 年第 6 期，第 45—51 页。

二、 公众教育——体公众之忧，补教育之缺

（一） 建立完善的气候教育体系

我国在《国家应对气候变化规划（2014—2020 年）》中提出将应对气候变化教育纳入国民教育体系，并相应提出应对气候变化知识进学校、进课堂等行动计划。但是从中小学基础教育课程设置和高等院校通识课程设置来看，目前涉及气候教育的基础课程十分有限。2021 年 2 月发布的《"美丽中国，我是行动者"提升公民生态文明意识行动计划（2021—2025 年）》通知，强调推动构建生态环境治理全民行动体系、提升宣传教育工作水平、推动绿色低碳发展，以形成人人关心、支持、参与生态环境保护工作的局面。

政府加强气候科普和教育的力度，需要将气候变化教育融入国民教育体系。在推广和宣传碳中和和气候行动教育过程中，应根据各地社会文化和认知水平充分了解公众的知识盲区和行动障碍，想群众所想，因材施教，通过学校教育、社会教育、场馆教育和多场景间的互联互通帮助公众提高气候素养（见表14-1）。

表 14-1 我国气候教育方案、局限和应对措施

类　　别	气候变化教育〔1〕	局限	应对措施〔2〕
学校教育	组织、鼓励和支持大中小学生参与课外生态环境保护实践活动，将环保课外实践内容纳入学生综合考评体系	缺乏基础知识、认知不足，课堂环境有限	在中小学语文、地理、历史等学科课本加入气候知识教学，嵌入多学科单元；研发气候变化教学案例，结合当地气候环境特色教学
社会教育	生态环境部门面向不同群体编写生态文明知识读本，利用各大网络学习平台、视频平台等，构建生态文明网络教育平台	相关从业人员短缺；社会教育缺乏动力	培养相关学科人才；结合公众生活所需，利用公共广播、电视等容易获取资讯平台，增加趣味性和实用性；开展社区讲座、研讨会
教育场馆建设	积极引导建设各具特色、形式多样的生态文明教育场馆，面向公众开放，发挥生态文明宣传教育和社会服务功能	缺乏各年龄段行动指南、专业人员	联合高校合作机构，制定气候专栏或行动指南；开展气候变化通识教育和成人教育

---

〔1〕《生态环境部、中共中央宣传部、中央文明办、教育部、共青团中央、全国妇联关于印发〈"美丽中国，我是行动者"提升公民生态文明意识行动计划（2021—2025 年）的通知〉（环宣教〔2021〕19 号）》，2021 年。

〔2〕申丹娜、贺洁颖：《国外气候变化教育进展及其启示研究》，载《气候变化研究进展》2019 年 11 月第 15 卷第 6 期，第 704—708 页。

专栏 14-3

让气候变化教育融入校园[1]

作为中国气候变化教育第一期培训的教师之一，罗海燕一直在气候变化教育的探索路上。为了在课程中渗透气候知识，罗老师多次和广州中学的学校领导与各科老师沟通，将气候变化知识融入各科教学：在地理和生物加入气候变化内容，阅读课推荐《2050 人类大迁徙》《气候文明史》等书目；音乐课、综合实践课播放《后天》等气候变化影片。在地理课上，罗老师通过开展"时事新闻点评"等互动式教学让学生积极参与气候变化新闻评论，表达对气候变化的认识，从而科学全面地认识气候变化。罗老师还组织学校地理老师、聘请研究专家为学生开展气候变化相关讲座，新颖的形式和生动的内容让讲座总是座无虚席。

对于许多依旧处于传统应试教育模式中的学校，校园的气候变化教育工作需要公共教育体系的更多助力，只有让学生了解气候变化，培养气候素养，才能让他们参与到环境问题的应对中。

（二）发挥高校人才培养优势

高等院校具备硬件、人才、经验等优势，在气候变化教育过程中扮演着重要角色。高校积极开展气候教育，不仅承担着服务国家和影响世界的责任，也肩负着提升自身科研水平、引领产业发展和技术创新的使命。在高校教育中，学生需要气候相关的科学知识，还需要建立对相关现象的社会分析，从而运用跨学科的知识来完善气候变化体系，[2]培养解决气候问题的专业素养。2021 年 7 月，教育部印发的《高等学校碳中和科技创新行动计划》强调要充分发挥高校研究和学科交叉融合的优势，加快碳中和科技创新体系和人才培养体系构建以及碳中和科技成果的示范应用，为构建清洁低碳安全高效的能源体系、实施重点行业领域减污降碳行动、实现绿色低碳技术重大突破、完善绿色低碳政策和市场体系、提升生态

---

[1]　栾彩霞：《让气候变化教育融入校园》，载《校园》2020 年第 6 期，第 76—77 页。

[2]　邵莉莉：《世界大学气候变化联盟成立对高校气候教育的启示》，载《高教探索》2020 年 10 月，第 63—64 页。

碳汇能力、加强应对气候变化国际合作等提供科技支撑和人才保障。[1]

专栏 14-4

高校气候行动联盟

高校肩负着服务国家重大战略需求、创新人才培养、引领公众行动等社会责任，世界各地的高等院校纷纷投入零碳校园、低碳校园、可持续校园的建设和推广中。

2006 年，"美国高校校长气候承诺"（The American College & University Presidents' Climate Commitment，ACUPCC）计划开展实施，其目的是实现高校运作的"气候中和"，即把气候变化和可持续发展融入高校的教学、科研和社会活动中。ACUPCC 由 12 位高校校长提出，旨在建立高等教育部门的可持续性优先发展范式体系，[2]其战略可持续发展框架（Framework for Strategic Sustainable Development，FSSD）为支持相关领域可持续发展的新行动奠定了必要的基础。[3]

为应对全球气候变化带来的紧迫挑战，发挥世界一流大学的关键作用，引领高等院校环境教育高水平发展，2019 年的世界经济论坛上，清华大学倡议并邀请伦敦政治经济学院、澳洲国立大学、伯克利加州大学、剑桥大学等大学对话在应对全球气候变化进程中应承担的历史责任，并联合成立"世界大学气候变化联盟"（GAUC）。GAUC 致力于通过研究、教育和公共宣传来推进气候变化解决方案，并与工业界、非营利组织和政府组织合作，促进从地方到全球范围内的快速实施，促进成员大学之间的交流与合作，并领导全球高等教育应对气候变化，重点关注联合研究项目、人才培养、学生交流、绿色和碳中和校园实施以及公众参与。

---

[1]《教育部关于印发〈高等学校碳中和科技创新行动计划〉的通知》（教科信函〔2021〕30 号），2021 年。

[2] ACUPCC. Celebrating Five Years of Climate Leadership: the Progress and Promise of the American College & University Presidents' Climate Commitment. ACUPCC Annual Report. Second Nature, Boston, 2012.

[3] Dyer G., Dyer M. Strategic leadership for sustainability by higher education: the American College & University Presidents' Climate Commitment. *Journal of Cleaner Production*，2015(140): 111—116.

　　高校不仅可以在气候教育教学和研究中发挥作用,还可以结合自身学科优势,通过零碳建筑、可再生能源照明、举办线上会议等实现校园低碳或零碳运营,推动高校企业低碳技术成果转化。在课程设置方面,一些高校已经增加绿色发展与碳中和方向、碳封存与捕获技术等相关课程,但也存在教材选择局限、学生及家长对就业的关切等问题,需要通过增设企业导师、课程实习和碳中和专业就业指导为学生解决后顾之忧(见表14-2)。

表14-2　高校气候变化行动、局限、拓展方式

高校	碳中和行动	行动障碍	扩展方式
校园低碳运营	零碳建筑、能源照明、校内运输采购、商务出行、大型会议	缺少行动指南、碳足迹测算	向上追溯供应厂家、机构,保障低碳校园建设
教学	布局适应未来研究所需科教资源和数字化资源平台;推动碳中和相关交叉学科交流;打造相关学科复合型人才	学生教材选择少,学生意识和水平存在差异	建立高校国际合作交流、[1]增加气候通识教育,将气候变化教育渗透各个学科领域
气候研究	低碳和零碳能源、技术、政策研究;碳中和科技成果转化	气候变化科学知识转化过程慢	推动高校企业碳中和科技成果转化
课程设置	实用性专业调整;可持续发展调整为绿色发展与碳中和方向;增设气候变化课程,推进碳中和未来技术学院和示范能源学院建设	学生及家人对就业的关切,课程设置与社会发展不兼容的担忧	增加碳中和专业就业指导咨询、增设企业导师和课程实习

（三） 创新科学传播场景

　　气候科学充满的不确定性是科学家与大众进行交流的阻碍,包括对宏观主题的理解困难、对气候演讲中抽象的统计数据与日常生活距离遥远的疑惑、对于气候变化存在政治分歧的疑问。提供易于公众理解的科学信息,将抽象的数据与公众生活联系,真实地与公众交流可以使公众建立信任和行动。有效开展气候变化传播和公众参与的重要原则包括:自信的传播、将抽象的观点通俗化、与受众找到共同点、讲述人物故事、传播科学共识和善用可视化。[2]

---

[1] Defining and Democratizing Climate Action: A Prospectus for Educators and Scientists, https://agu.confex.com/agu/fm20/meetingapp.cgi/Paper/739511.

[2] 气候宣传工作小组:《有效开展气候变化传播和公众参与的若干原则——IPCC作家手册》,载中国科普作家网, https://www.kpcswa.org.cn/web/authorandworks/works/050532292019.html(2019-05-05)。

校园之外的非正规教育将在塑造公众对环境科学问题的理解上继续发挥关键作用。与"正规教育"相对，个体从家庭、邻里、工作娱乐场所、图书馆、大众宣传媒介等方面获取知识、技能、思想、信仰和道德观念的过程被看作非正规教育，[1]其体验式学习可以通过低碳景区旅游、科技场馆、娱乐场所、购物商场等生活的多种场景的个性化、参与和沉浸式体验激活情感联系，产生更强大的行动影响。[2]

三、 全民行动——知是行之始，行是知之成

（一） 完善顶层设计，夯实气候行动基础

根据《中国应对气候变化的政策与行动 2020 年度报告》，[3]我国已在有关部门、地方应对气候变化、推动绿色低碳循环发展方面取得了一定进展，并在包括强化顶层设计、减缓和适应气候变化、完善制度建设、加强基础能力、全社会广泛参与，以及积极开展国际交流与合作六个方面，全面展示了我国控制温室气体排放、适应气候变化、战略规划制定、体制机制建设、社会意识提升和能力建设等方面取得的积极成效。

为了落实"碳达峰、碳中和"，各省市在"十四五"规划中积极落实国家的"碳达峰、碳中和"方案（见表 14-3），包括城市治理、行业发展、消费管控、碳汇发展、碳捕集和封存五大范围，在涵盖公共建筑、出行、垃圾固废处理、水效制度、能源转型、循环经济、碳排放权交易系统建设、企业能源消费管控、绿色投融资政策等多个领域制定了行动计划。可以看出，当前地方层面的"碳达峰、碳中和"行动主要停留在生产层面，仅有部分地区涉及居民消费和低碳行动层面，并且因城市用地结构、交通规划效率、资源禀赋差距等历史存续问题带来了开发减碳行动场景的局限，建议可在建立智慧化管理平台、数字化运输系统，构建多元能源结构、创新激励机制、扩大公众行动范围，持续营造低碳生产生活氛围等方面加强。

---

[1] 顾明远：《教育大辞典》，上海教育出版社 1998 年版。

[2] Spitzer W. Shaping the public dialogue on climate change. American, John Wiley & Sons, Inc., 2014:89—98.

[3] 中华人民共和国生态环境部：《中国应对气候变化的政策与行动 2020 年度报告》，2021 年 7 月 13 日，https://www.mee.gov.cn/ywdt/xwfb/202107/t20210713_846582.shtml。

表14-3 各地区"十四五"规划纲要双碳行动、主要局限和扩展

方式	目前脱碳行动	主要局限	扩展方式
城市治理	公共建筑、近零碳排放示范区(北京、天津、河北、新疆、重庆、海南、湖北、湖南、江苏、山东、广东、浙江、四川、安徽),绿色出行(天津、甘肃),大气协同治理(北京、江苏、河北、广东、陕西、宁夏),垃圾固废处理(吉林),水效制度(山西)	城市用地结构有待优化,交通规划效率及交通设施供给密度和触达性有待提升,城市运行和维护覆盖难度大	建立智慧化管理平台、数字化运输系统
行业发展	推动能源转型(上海、天津、山西、广西、辽宁、山东、安徽),清洁能源(上海、河北、黑龙江、新疆、北京、山东、海南),循环经济(天津、山西、河南、海南、甘肃),碳排放权交易系统建设(全国、上海、天津、青海、江苏、河北、湖北、广东、浙江等),绿色投融资政策(河北、山西、湖南、新疆),绿色低碳农业(浙江、安徽),交通物流(成渝地区、天津、山西)	经济、体制和社会文化障碍可能会阻碍这些城市和行业发展,还要取决于各地区的情况、能力以及资本的可用性	构建多元能源结构,推动技术进步,加强国内和国际区域交流、技术合作
消费管控	生产企业能源消费控制(上海、江苏、河北、河南、云南、江西、山东、海南),用户节能(天津、吉林),节能单位(天津、湖南、重庆、安徽),公共机构减排(内蒙古、江苏),家庭个人碳普惠平台(北京)	对相关企业、机构、用户层面的碳足迹测算难度大,碳遗漏可能性大	激励机制的创新,构建碳积分、碳足迹追踪网络
碳汇发展	森林碳汇(上海、青海、河北、四川、云南、黑龙江、广西、陕西、内蒙古、广东、辽宁、湖南),海洋碳汇(海南、河北)	碳汇开发对生物多样性存在潜在风险,碳汇生产结束前后土地、海岸线利用变化产生额外的碳排放	建立长期的土地、海洋开发机制
碳捕集和封存	碳捕获技术和项目(上海、海南、河南、陕西、长三角地区)	对相关项目评估有限,BECCS需要大量土地和水,DAC成本高	提供更多技术开发资金和人才投入

资料来源:作者根据各省份"十四五"规划纲要归纳整理。

(二)整合全产业链,建立理性企业行动

企业碳中和行动已成为当下企业媒体发布的优先事项,国电投、宝武钢铁、大唐、华电等电力企业纷纷表示提高清洁能源占比、力争提前碳达峰,将时间线提前到了2023年或者2025年,金融、互联网也相继加入了碳中和竞赛,从能源、钢铁、石油化工等传统高碳排产业,到碳排放高增长的新兴科技产业,陆续有企业加入"碳中和"队伍。但是,当前的企业也存在对碳中和科学认知的偏差,[1]公司层面的碳中和行动主要停留在宏观目标、自身生产、能源消费、投资碳汇,许多减排行动存在概念混淆、忽略全生命周期碳足迹评估、忽视供水减排

---

[1] 袁瑛、宋筱、潘文婧:《碳中和,中国企业的五大误区》,载《财经十一人》2021年5月6日。

等问题（见表 14-4）。

表 14-4 企业碳中和误区、行动、局限和扩展方式

类 型	误 区〔1〕	目前脱碳行动〔2〕	主要局限	扩展方式
目标	口号式宣传；只有总目标，没有明确碳排放范畴，碳中和不是终点	企业自身治理方面的行动及成就	企业披露缺乏监管	建立第三方披露机制、认证标准
脱碳、负碳技术	对零碳、负碳的概念混淆	企业生产减排、提高能源利用效率，发展碳封存、碳捕集负碳技术	成本高，需要技术突破	加大相关技术研发投入，行业协调技术，合作发展共赢
产品全生命周期〔3〕	遗漏上游供应企业；忽略水耗、〔4〕废弃物产生量	原材料提取、生产、运输、使用，生命周期末端碳足迹评估	设备耗能、行业供应链选择局限	引入全生命周期碳足迹评价系统，同时注重水耗、废物产量等指标监测
低碳办公	没有明确碳排放范畴	减少照明、用电浪费，节水，电子合同替代纸质合同，〔5〕低碳采购	试点难以复制推广，采购或某一环节遗漏	建立企业内部低碳办公制度，包括相关行为引导规范、激励机制等
碳汇	不能依赖碳汇抵消所有碳排放，企业应首先关注生产减排	植树造林，投资森林、海洋碳汇抵消企业碳排放	碳汇只能抵消企业无法避免的碳排放，碳汇储备有限	建立企业碳中和行动基金，对生物多样性保护、生态社区进行长期投资

专栏 14-5

共建碳中和，滴滴青桔发起两轮产业链碳中和行动倡议

滴滴青桔"桔无限联盟"发展论坛于 2021 年 5 月在上海举行，发起"两轮产业链碳中和行动倡议"（简称"产业链倡议"），呼吁行业和上下游产业链合作伙

---

〔1〕 袁瑛、宋筱、潘文婧：《碳中和，中国企业的五大误区》，载《财经十一人》2021 年 5 月 6 日。

〔2〕 CCE：《企业碳中和报告合集》，载《气候变化经济学》2021 年 5 月 20 日。

〔3〕《华为投资控股有限公司 2019 年可持续发展报告》，https://www-file.huawei.com/-/media/corp2020/pdf/sustainability/2019-sustainability-report-cn-v3.pdf。

〔4〕 E20 环境平台：《哪些供水企业被纳入碳交易试点控排企业名单？》，载《E20 供水圈层》2021 年 5 月 10 日。

〔5〕《顺丰控股 2019 年度可持续发展报告》，第 53 页，https://www.sf-express.com/cn/sc/download/2019-ESG-REPORT-CN2019.PDF。

伴共践"全链可持续"的管理模式,实现行业碳达峰、碳中和。

桔无限联盟的成立转变了传统企业间的供销关系,通过设计、研发、运营闭环的全方位合作,重塑行业发展模式。青桔将整车研发贯穿于产品全生命周期的各个阶段,通过标准化、模块化、智能化的升级,与各合作伙伴设立不同品类的统一标准,优化协作效率,提升各环节效率,实现多方共赢。2021 年 4 月,青桔协同中国循环经济协会共同发起《循环经济碳中和行动倡议》,并正式获颁成为首批"碳中和"试点企业。为了与上下游产业链一起推进行业发展,此次青桔与产业链合作企业共同发起"产业链倡议",倡导通过全产业链的协同和科技创新推动实现碳中和。[1]

(三) 社会组织引导,形成公众行动网络

在公众气候行动的实践中,组织和机构往往扮演重要的引领作用。公民参与到专家或政府主导的科学知识生产活动中,往往需要组织、社区等团体推动活动进程。官方公布的空气污染指数、宏伟的气候目标往往不能回应地方居民的生活经验和感官体验,协助扩充事实基础的社区和环境团体可以逐步发展出网络和微型的支持系统,为公众搭建切实可行、易于参与和理解的行动路径,使得公民科学行动有助于撬动政策议程的走向,从而实现宏观政策目标。[2]

组织和机构、社区和个人层面的教育和行动都可能成为碳中和社会变革的催化器。2007 年 10 月,瑞典皇家科学院将 2007 年诺贝尔和平奖授予联合国政府气候变化专门委员会(IPCC),表彰其在气候变化研究报告中的杰出贡献。越来越多的中国民间组织开始走出国门,开展气候变化相关的国际合作。2019 年,中国民间气候变化行动网络(CCAN)成功组织 24 家中国和欧洲民间组织成为"互换伙伴",为中欧民间组织建立起可持续的伙伴关系,参与气候变化相关国际会议。另外,为向国际社会讲好"中国故事",CCAN 挖掘了一系列中国民间组织应对气候

〔1〕 观察者网:《共建碳中和　青桔助推两轮产业绿色升级》,2021 年 5 月 18 日,https://www.guancha.cn/ChanJing/2021_05_18_591151.shtml。

〔2〕 周娴、陈德敏:《公众参与气候变化应对的反思与重塑》,载《中国人口·资源与环境》2019 年第 29 卷第 10 期,第 121 页。

变化的故事。其中，云南洱源县的气候变化故事已经于 COP25 上发布。[1]

专栏 14-6

"古代环保机构"中蕴含的生态智慧[2]

　　在古代，人们已经意识到环境保护的重要性。中国历朝历代政府都非常重视环境保护，设置了专门的生态环保机构——虞。虞的第一任长官为伯益，《汉书·地理志》说"伯益知禽兽"。伯益在任职期间，虞作为专门的环保机构发展壮大起来，有山虞、川衡、林衡、泽虞四个平行部门。山虞是掌管山林的山署，如将富有山林物产的地方设为保护区，推动山林的健康发展；泽虞负责管理沼泽地区，在有湖泊物产的地方设藩篱为保护边界，严禁滥捕滥杀以避免导致湖泊生态系统失衡；林衡负责巡视山麓和管理护林人。山虞、林衡负责山林草木，泽虞、川衡掌管川泽鱼鳖。

　　《周礼·地官司徒》还记载了负责生态保护和资源开发机制的官员："矿人"（负责矿产资源开发及保护）、"迹人"（负责野生动物保护）和"草人"（负责保护及改良土壤）等。设置这些环保机构保护山河湖海，可以有效利用资源、降低安全生产事故频次、控制污染物总量、整合环境保护资源。到秦汉，"虞"被"少府"替代，少府设林官、湖官、陂官（掌握船业）等。三国之后，"虞官"恢复，唐、宋、明、清时期，朝廷均设有虞部。历代还设置了很多环保法令，以严苛的法令保护当时的环境。

（四）各部门通力合作，共建普惠脱碳路径

　　建立政府引导、社会自觉和市场运作的碳普惠机制和平台，通过理念、技术和制度创新，引导全社会共同参与推动绿色低碳发展，在推动实现碳中和具有重要意义。完善碳普惠制，需要将碳普惠更深入地介入到公众生活和企业生产活动当

---

[1]　栾彩霞：《中国民间气候变化行动网络的 2019》，载 *World Environment*，2020 年第 1 期，第 12—13 页。

[2]　朱芳菲：《我国传统文化中的生态智慧与现实启示》，载《胜利油田党校学报》2020 年 9 月第 5 卷第 33 期，第 45—49 页。

中,从而更好地发挥碳普惠机制的节能减排效能。[1]例如,扬州市运营了国产的联盟区块链底层产品——梧桐链,帮助乡村振兴,通过网络化数据融合大数据局、农业农村局、金融机构多方数据来实现农业农村数据的网络化共享、集约化整合、协作式开发和高效利用,助力普惠金融。[2]2007年,印度尼西亚科学研究所在龙目岛和茂物社区授权减缓气候变化的碳中和倡议通过微型水电项目开展基于社区的教育和伙伴关系行动。[3]

专栏 14-7

《能源转型进行时——点亮你的屋顶》

国际环保组织绿色和平纪录片《能源转型进行时——点亮你的屋顶》[4]通过煤炭加工从业者、分布式光伏安装技术人员、地方社区服务人员的视角,告诉我们能源改革路上的行动、障碍和希望。

一、父与子

伴随着公路广告牌"发展光伏产业,富裕一方百姓",记者来到河北保定曲阳县某煤炭加工厂。陈浩和父亲都曾经营煤炭加工厂,在国家新能源政策的号召下,他率先转型成为户用光伏电站服务商。在向用户推广时,他和妻子常要花几小时用通俗的语言解释太阳能发电的好处。在项目推进过程,银行对光伏贷款和电力局对发电申请的审批缓慢或者流程繁杂都可能使光伏项目落地失败。"跟着国家走,小家庭也一样,要为我们的后代考虑",陈父决定也加入儿子的能源转型队伍。

---

[1] 施燕、聂兵:《碳普惠制下公众践行低碳行为影响因素和干预路径研究》,载《科技经济导刊》2021年第29期,第15—16页。

[2] 《同济区块链研究院中标乡村振兴"金民链"平台项目,助力乡村振兴》,载《碳足迹》2021年7月8日。

[3] Institute for Global Environmental Strategies (IGES) and Indonesian Academy of Science on sustainable Development, Bogor, Indonesia. September 28, 2008. Anbumozhi V., Breiling M., Pathmarajah S., & Reddy V. R. Climate change in asia and the pacific: How can countries adapt? Sage. 2012, Ch16. Community-based Approaches to Climate Change Adaptation: Lessons and Findings, Masanori Kobayashi and Ikuyo Kikusawa.

[4] 绿色和平:《能源转型进行时——点亮你的屋顶》,2017年版。

河北省是全国空气污染最严重的省份之一，面对日益严峻的环境压力和严苛的煤炭控制政策，如同记录的父子一样，全国数以千计的小煤商正在关停、倒闭。清洁能源的推广，需要相关从业机构、从业人员合作起来，简化流程，一起为能源转型助力。

二、光伏人的太阳梦

广州某屋顶光伏电站，罗宇飞正在忙碌，他在光伏融资和技术推广遇到了难题。中山大学太阳能研究院"士之读书治学，盖将以脱心智于俗谛之桎梏，真理因得以发扬。独立之精神，自由之思想。——陈寅恪"的院训和老师的鼓励，让他坚定做光伏发展"螺丝钉"的信心，随后他作为技术顾问参与了潮汐能和太阳能互补供电示范项目。

"每一种能源的发现，都会带来一种新的改变，在我们有生之年就可以看得到，不用等太久。"2016 年，风光电社会占比 5.2%，2020 年非化石能源占一次能源 15%。活跃在全国光伏电站现场的技术人员成千上万，怀揣专业技能，坚持新能源理想，他们的太阳梦并不遥远。

三、让分布式光伏进入社区

2007 年上海市闵行区安装了全国第一家户用薄膜分布式光伏电站，于 2014 年并网发电。在好地坊社区服务中心光伏研讨会中，一位居民说道："根据物权法规定，安装分布式光伏需要超过 50% 的业主同意。"社区服务者耐心解释光伏发电将普通用电三阶电价的部分以一阶电价支付，可以降低电费支出。能源改革的过程中，许多社区工作者一直在为用户端的推广付出努力。在上海，84.7% 的居民了解"绿色电力"，98.7% 的居民愿意购买绿色电力。较高的环境意识和支付能力，对阶梯电价的敏感度使得分布式光伏在城市拥有了巨大的发展潜力。

图书在版编目(CIP)数据

迈向碳达峰、碳中和：目标、路径与行动/杨越，
陈玲，薛澜著.—上海：上海人民出版社，2021
(产业发展与环境治理研究论丛)
ISBN 978-7-208-17421-4

Ⅰ.①迈… Ⅱ.①杨… ②陈… ③薛… Ⅲ.①二氧化
碳-排气-研究 Ⅳ.①X511

中国版本图书馆 CIP 数据核字(2021)第 224018 号

责任编辑 王笑潇
封面设计 陈　楠

产业发展与环境治理研究论丛
迈向碳达峰、碳中和：目标、路径与行动
杨越　陈玲　薛澜　著

出　　版　上海人民出版社
　　　　　(201101　上海市闵行区号景路 159 弄 C 座)
发　　行　上海人民出版社发行中心
印　　刷　上海商务联西印刷有限公司
开　　本　720×1000　1/16
印　　张　14.25
插　　页　3
字　　数　224,000
版　　次　2021 年 12 月第 1 版
印　　次　2021 年 12 月第 1 次印刷
ISBN 978-7-208-17421-4/F・2717
定　　价　58.00 元